從麵糊調色到創意造型｜烘焙新手｜網路接單｜節日送禮｜必學款式！

造型戚風
層層圖解

丘涵萱 著

目錄
Contents

Chapter 1
基礎入門學習課

Chapter 2
親手做造型蛋糕

希望大家有機會
做出可愛萌爆的戚風蛋糕

記得第一次接觸到造型甜點,是孩子收涎時的可愛糖霜餅乾,才發現原來加上一點點巧思,竟然可以變化出許多精緻卡哇伊的卡通造型。從此,一頭栽進了甜點世界。於是從餅乾玩到蛋糕,靠著基礎的烘焙經驗開始摸索,到現在能隨心所欲製作精緻的造型,也非常幸運地受邀到各烘焙教室教課。

在相關資源豐富的目前,可以在網路上找到很多的「甜點」教學,卻較少找到「造型甜點」,除了食譜是否穩定到能調色、塑型,還有掌握烤溫也是不可或缺的一大重點。剛開始嘗試造型戚風蛋糕時,總是會碰到各種意想不到的失敗,但在不斷的經驗累積下,發現只要遵循一些重要的步驟,就能夠輕鬆自在地完成每一樣成品。這些精緻的內容及經驗,都將完整呈現在本書中,希望大家也能一起做出少女心大爆發的可愛戚風!

成書期間,感謝橘子文化的葉主編很有耐心指導如何詳細的書寫甜點的製作流程、如何拍攝清楚流暢的步驟圖,主編如此用心,讓我體會到就是爲了讓沒有烘焙經驗的讀者們也能輕鬆上手。感謝攝影師好友,專業的協助完成圖片拍攝,卡關時也能立刻找到解決辦法順利進行。更感謝家人支持甜點之路,在籌備新書期間扶持工作室的營運。感謝所有人,才能讓我完成人生中的夢想之一。

自己可以在家動手做甜點,有趣又好玩,烘焙過程很療癒外,還能變化出許多可愛的造型,包含:人偶、動物、蔬果、十二生肖和節日代表物。看著家人朋友滿滿的驚嘆聲,總有滿滿的成就感,希望藉由這本甜點書鉅細靡遺的圖文描述,爲你平凡的生活帶來滿滿的幸福感!

丘涵萱

本書使用說明

① 賞心悅目的主題產品合照。

② 這頁內容或食譜所屬單元。

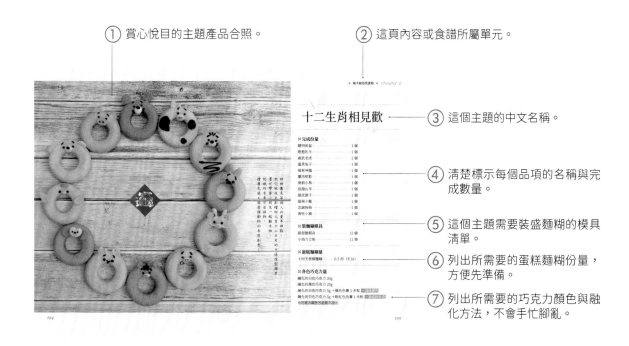

③ 這個主題的中文名稱。

④ 清楚標示每個品項的名稱與完成數量。

⑤ 這個主題需要裝盛麵糊的模具清單。

⑥ 列出所需要的蛋糕麵糊份量，方便先準備。

⑦ 列出所需要的巧克力顏色與融化方法，不會手忙腳亂。

⑧ 這道造型蛋糕的中文名稱。

⑨ 各部位需要的材料一覽表，確實秤量是製作成功的基礎。

⑩ 這道造型蛋糕的漂亮圖片。

⑭ 這道造型蛋糕所屬頁碼。

⑬ 設計醒目的標題，一目了然可立即上手。

⑫ 詳細步驟圖與說明，照著做一定可以輕鬆完成。

⑪ 蛋糕麵糊的調色步驟圖。

1

基礎入門學習課

開始爲蛋糕做造型之前，
先認識器具材料的用途，
學會巧克力融化與裝飾技巧，
以及掌握製作戚風蛋糕麵糊的訣竅，
一定可以事半功倍，完成可愛又好吃的甜點！

需要準備的器具

◎ 基本類 ◎

烤箱

製作造型戚風蛋糕需兼顧鮮明的色彩與烤焙的成功率，所以需要溫度較穩定的烤箱。每台烤箱即使同品牌也會有些微的溫度差異，太冷容易使蛋糕烤不熟發不起來，提高失敗率；太熱容易使蛋糕上色而導致成品焦黃黯淡不美觀，所以製作戚風蛋糕前必須先了解自己的烤箱，必須顧爐以隨時注意蛋糕的狀態，決定是否需調高或調低烤溫、提前或延後取出蛋糕。

隔熱手套

烤焙蛋糕溫度為上下火 130 ～ 160℃之間，所以出爐時必須使用隔熱手套取出模具，才不會燙傷，可選擇手套型的隔熱手套，比較好拿取模具。

耐熱夾子

夾取像蛋殼、半圓模等較小模具，或甜甜圈模、圓餅模等柔軟的矽膠模具，使用耐熱夾子會比隔熱手套更好拿取。

置涼架

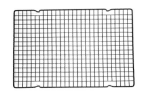

用來放置剛出爐等待冷卻的蛋糕，架高的網狀設計讓蛋糕通風更好，能加速散熱。

電動打蛋器

於快速打發蛋白與鮮奶油時使用，每個牌子段速不同，需要視攪打效果適當調整轉速。

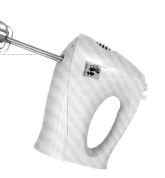

手動打蛋器

用攪拌方式拌勻麵糊，利於麵糊調色時相較於使用刮刀不易消泡。有分尺寸，依照麵糊的份量挑選適合的尺寸。

鋼盆

可準備數個大鋼盆（打發蛋白）、中鋼盆（裝蛋黃糊）、小鋼盆（調色用）、深鋼盆（打發鮮奶油），建議底部需挑選圓弧面，以利刮刀翻拌混合麵糊或調色均勻。

電子秤

精準秤量材料及麵糊量是烤焙的基本條件，可提高成功率。電子秤較傳統秤更精準，而且方便歸零及儲藏。

篩網

所有粉類必須過篩，包含在調色時若使用蔬菜粉或食用色粉，才能避免攪拌過程中產生結塊而影響成品口感與美觀。

刮刀

用於挖取麵糊，使用切拌、翻拌方式將殘留於容器上的麵糊刮取乾淨，使麵糊拌勻、調色均勻、減少耗損。有分尺寸，可依照麵糊份量挑選適合的尺寸。

◉ 模具類 ◉

七吋天使模

又稱中空天使模，直徑 19× 高 5.5cm，使用於：快樂森林家族（P.70）、環遊星際探險（P.174）。

6 吋煙囪模

直徑 16× 高 7cm，使用於：夏日沙灘碉堡（P.164）、溫馨聖誕派對（P.186）。

4 吋煙囪模

直徑 10.5× 高 5.5cm，使用於：夏日沙灘碉堡（P.164）。

蛋殼模

中型蛋的大小，依造型所需可分爲直式與橫式，使用於：熊愛吃蜂蜜（P.40）、童話公主與騎士（P.54）、快樂森林家族（P.70）、幸運招財貓（P.92）、環遊星際探險（P.174）、溫馨聖誕派對（P.186）。

甜甜圈矽膠模

直徑 6× 高 2cm，使用於：十二生肖相見歡（P.104）。

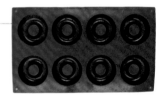

半圓模

直徑 7× 高 3.5cm，使用於：熊愛吃蜂蜜（P.40）、溫馨聖誕派對（P.186）。

圓餅矽膠模

直徑 5× 高 2cm，使用於：探索海洋世界（P.148）。

6 吋童夢模

直徑 13× 高 10cm，使用於：幸運招財貓（P.92）。

4 吋童夢模

直徑 11× 高 8.5cm，使用於：熊愛吃蜂蜜（P.40）。

長方形深烤盤

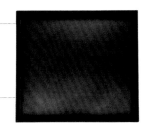

長 28× 寬 24.5× 高 3cm，使用於：熱帶水果捲（P.220）。

深半圓模具

直徑 7× 寬 6cm，使用於：童話公主與騎士（P.54）。

油力士紙

用來裝入麵糊，有尺寸不同之分，本書使用於各主題，共有 3 種尺寸，大的直徑 8× 高 3cm（適合裝約 15g 麵糊）、中的直徑 5× 高 3cm（適合裝約 10g 麵糊）、小的直徑 4× 高 2cm（適合裝約 5g 麵糊）。

紙杯

直徑 6× 高 4.5cm，固定直式蛋殼模，以及使用於書中搗蛋萬聖節（P.204）。

鋁箔杯

直徑 5× 高 2cm，固定橫式蛋殼模、半圓模。

📢 裝盛戚風蛋糕常見的模具？

戚風蛋糕水分含量比例高，需要靠沾黏模具才能在烤焙時順利長高長膨，常見的模具有中空模具、活底模具、耐熱矽膠模具等，皆可於烘焙實體店或網路商家購買。書中使用到的模具與出現的主題皆列於此，更方便搜尋。

◉ 造型類 ◉

造型壓模

造型戚風蛋糕常會使用蛋糕片製成小配件黏合，壓模的款式多變且形狀工整，使製作過程方便且成品美觀，常見的壓模有翻糖彈簧壓模、不鏽鋼壓模、壓克力壓模，可於烘焙實體店或網路商家購買。

擀麵棍

使用擀麵棍擀過的蛋糕片因組織變得緊實，所以用壓模切出來的形狀會比沒擀過的蛋糕片輪廓更爲工整。

剪刀

用來剪開裝麵糊、巧克力的三明治袋開口，若沒有適合的造型壓模時，也可使用剪刀裁切所需要的蛋糕片配件。

蛋糕刀

烤焙戚風蛋糕時常會遇到麵糊發得比模具高且裂開，爲了讓成品美觀，可使用蛋糕刀修整多餘的蛋糕體。

翻糖模具

市面上有許多種翻糖模具，造型壓模呈現的是平面的裝飾效果，翻糖模具可達到立體的效果，可使用翻糖塑型，也可填入融化的巧克力塑型。

筆針

用於麵糊繪製、巧克力五官繪製時修整形狀，和竹籤、牙籤比較，針筆的筆頭更細又尖銳，並且更好掌握，能繪製出更精緻的巧克力五官，也可在蛋殼蛋糕沾黏時當作脫模工具。

三明治袋

裝入調色好的麵糊繪製圖案於模具內，或裝入融化後的調色巧克力，用來繪製各種五官與黏合，書中將麵糊填入模具內時，都會將其裝入三明袋內備用，保持製作過程整潔，若是熟練者，可直接將麵糊倒入模具，能節省裝三明治袋的步驟。

杯子

將三明治袋套於寬口杯中，在裝入麵糊或巧克力時不易溢出，非常方便。

牙籤、竹籤

沾取色膏調整麵糊、巧克力、翻糖顏色使用，也可用於麵糊繪製、巧克力五官繪製時修整形狀，亦能取代蛋糕探針探測蛋糕熟度，也能插入模具與蛋糕之間協助脫模。

鑷子

比起徒手拿取巧克力五官較不易融化，並且適合夾取細小的裝飾配件黏合。

饅頭紙

用於繪製巧克力五官凝固成型，也用於擀壓蛋糕片時上下墊著，防止蛋糕片沾黏於擀麵棍上，書中饅頭紙為長 9× 寬 9cm。

需要準備的材料

● 基本類 ●

低筋麵粉

麵粉依蛋白質含量多寡分成高筋、中筋、低筋，而蛋糕需要膨鬆化口的口感，所以使用筋性低的低筋麵粉製作。

糖粉

糖可維持蛋糕濕潤口感，也能穩定打發的蛋白，所以勿隨意調整食譜中糖的比例，容易導致蛋糕變乾口感不佳、蛋白打發容易消泡提高失敗率、表面變得粗糙不美觀。由於融化方便故使用較細緻的糖粉製作，一般精細砂糖也可以替代糖粉。

植物油

相較於融化的無鹽奶油，植物油使蛋糕口感更鬆軟，例如：葵花油、沙拉油、橄欖油等常見好取得的植物油皆可，書中所使用無味道的玄米油。

常溫液體

為防止與油混合時過於低溫而導致分離，故使用常溫液體，因造型調色所需，所以皆使用飲用水，以防止麵糊染色。若只需製作一般無造型的蛋糕，可將水換成牛奶、伯爵茶等做口味變化。

雞蛋

常溫的蛋黃和油、水混合時，較不易分離，加入麵粉後也比較不易結塊。低溫的蛋白較穩定，建議蛋白先冷藏，準備打發時再從冰箱取出。

巧克力

使用融化裝袋的免調溫巧克力繪製五官等配件，建議使用鈕釦型巧克力（每顆重量約 3g），形狀小融化快速，非常方便。

📣 食譜配方可任意調整嗎？

配方中的材料重量都是經過多次操作累積下來的數據，不建議大幅度調整比例，容易導致成品無法達到預期的效果。若想調整食譜建議一次只調整一種食材，且克數由 3g 開始慢慢嘗試。

◎ 色料類 ◎

食用色膏

為濕潤的膏狀，因黑色色膏較容易分離成其他顏色，所以調黑色常使用竹炭粉取代。若希望蛋糕成分天然，可換成疏果粉及食用天然色粉調色。為了呈現鮮明的造型，所以大部分使用食用色膏調色。書中提供的色膏以米粒為單位，此為沾取量參考，實際可依照個人喜好或食用考量斟酌用量。由於每個廠牌彩度飽和度不同，嘗試時建議從少量加起。

顏色來源比較表

種類	說明
色膏	優點：成品顏色鮮明。 缺點：容易失手導致顏色過重。
天然色粉／蔬菜粉	優點：成分天然。 缺點：成品顏色容易黯淡不美觀。

食用天然色粉

為乾燥的粉狀色素，使用時需加點水混合，才不影響麵糊調色時結塊或調色未勻。因大部分成分對熱較為敏感，所以烤焙前後的顏色容易不同，並且成品較為黯淡，常見顏色有紅、黃、綠、藍、紫色系的天然色粉。

蔬果粉

雖然比起天然色粉顏色更加鮮豔及天然，但為了調到同色膏鮮明的顏色效果時，蛋糕也容易有過重的蔬果味道，食用者可能無法接受，故蔬果粉調色仍以適量即可。

蔬果粉

顏色	蔬果粉來源
紅	紅麴粉、甜菜根、粉草莓粉
橘	蘿蔔粉、南瓜粉
黃	南瓜粉、芒果粉
綠	菠菜粉
藍	蝶豆花粉
紫	紫薯粉、火龍果粉

製作圓形戚風蛋糕

⊚ 七吋天使模麵糊

重量 / 1 份（約 600g）

✻ 材料 *Ingredients*

蛋黃糊
蛋黃 6 顆（120g）
植物油 40g
水 70g
低筋麵粉 120g

蛋白霜
蛋白 6 顆（180g）
糖粉 80g

✻ 作法 *Step by Step*

| 預熱烤箱 |

01
烤箱預熱上下火 160℃。

| 蛋黃糊 |

02
蛋黃、植物油和水放入鋼盆，以手動打蛋器快速攪拌至有漂浮泡沫。

／蛋黃、植物油與水若未攪拌至產生漂浮泡沫，則蛋糕表面容易形成粗糙。
／常溫的蛋黃和油、水混合時較不易分離，加入麵粉後也較不易結塊，建議先將冷藏的蛋黃放置室溫約 10 分鐘待退冰。

03

加入過篩的低筋麵粉，輕柔攪拌至麵糊呈現光亮滑順的無顆粒狀態。

/ 攪拌麵糊勿過度，能避免產生筋性。

04

蓋上保鮮膜備用。

/ 蓋上保鮮膜，可防止麵糊風乾而導致烤好的蛋糕有顆粒感。

蛋白霜

05

蛋白放入無油脂的鋼盆，使用電動打蛋器打發蛋白，先低速攪打至粗大氣泡。

/ 蛋白打發就是將空氣打入蛋白中，形成蓬鬆的氣泡。低溫的蛋白較穩定，建議蛋白先冷藏，準備打發時再從冰箱取出。

06

糖粉分 3 次加入，先放入 25g 糖粉，轉中速攪打至細緻氣泡。

/ 分次加入糖粉的過程中，全程以中速攪打。

第一次加糖粉

07

放入 25g 糖粉，繼續攪打至濕性發泡（提起打蛋器時蛋白不滴落）。

/ 避免過發，可於蛋白開始出現紋路時，調降至低速慢慢打至小彎鉤狀態。

第二次加糖粉

08

放入剩下的 30g 糖粉，繼續攪打至蛋白霜呈現挺立的小彎鉤狀（約 8 分發）。

⁄ 蛋白打發至小彎鉤（約 8 分發）即可，過發容易在拌蛋黃糊時出現許多蛋白結塊。若未將蛋白結塊拌勻，則蛋糕組織容易產生空洞。

第三次加糖粉

蛋糕麵糊

09

將蛋白霜用刮刀輕輕切成 3 等份。

10

第 1 份蛋白霜加入蛋黃糊中，使用手動打蛋器攪拌均勻。

11

第 2 份蛋白霜加入蛋黃糊中，繼續攪打至 7 成均勻，將蛋黃糊倒回蛋白霜的鋼盆中。

12

使用刮刀輕輕翻拌，將底下的蛋白霜翻起來與蛋黃糊混合至 7 成均勻，即完成白色麵糊。

⁄ 攪拌至 7 成均勻，是為了加色膏時仍需攪拌均勻有色麵糊，因防止過度攪拌會消泡，故調色前只需攪拌至 7 成均勻。

⁄ 若無調色，則直接將麵糊翻拌至均勻後入模烤焙。

麵糊調色

13
使用牙籤沾取所需要的顏色 (色膏或色粉)，加入白色麵糊中，使用手動打蛋器輕輕將有色麵糊攪拌至均勻。

14
將麵糊倒入模具中。
✎ 中空天使模中間這根如煙囪般設計，有助於烤焙時支撐麵糊向上爬升。

烤焙

15
放入烤箱中層烤焙，以上下火 160°C 烤焙 15 分鐘，烤溫調降至上下火 140°C，繼續烤 10 分鐘。

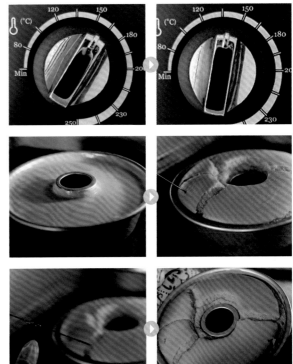

16
調降上下火 130°C，繼續烤焙 10 分鐘，使用蛋糕探針插入蛋糕體，拔出探針若無沾黏表示蛋糕熟了，即可出爐。
✎ 開關烤箱門時請快速，因溫度流失易導致蛋糕凹陷等失敗因素。

17
若探針有沾黏麵糊，則繼續烤 10 分鐘為一階段，直到無沾黏後出爐。

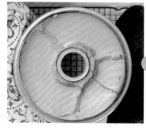 

18
出爐後輕敲模具使熱
氣震出。

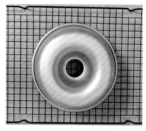

19
將模具倒扣於置涼架，待完全涼。

╱ 蛋糕從烤箱取出，糕體內的餘溫不會立即下降，
所以需要立即倒扣，待完全冷卻才能脫模。如果蛋
糕未倒扣即提早脫模，容易出現回縮、縮腰的情況。

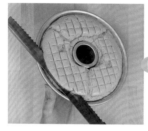 

20
使用蛋糕刀將天使模
蛋糕表面修飾平整。

21
用手輕輕將蛋糕表面和
側邊，撥至整圈分離。

22
重複作法 21 的撥蛋糕方式，伸入模具內將蛋
糕全部脫離模具。

╱ 在中空區周圍插入長竹籤，上下擺動繞一圈，將
此處蛋糕脫離。

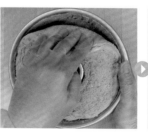 

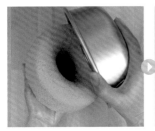 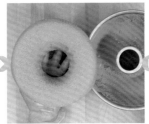 

23
一手托著蛋糕後倒扣
模具，小心取出蛋糕
即可享用。

📢 影響戚風蛋糕組織和口感的原因？

1. 室溫：合宜溫度為低於 23℃，超過時建議開冷氣；太熱易使蛋白霜不穩定。

2. 攪拌：混合蛋白霜與蛋黃糊時、調色攪拌時，動作需輕柔；力道過大易導致蛋白霜消泡。

3. 器具：所有攪拌的器具及鋼盆都需清洗乾淨，並且晾乾。殘留油脂易使蛋白霜消泡。

4. 食材：留有蛋黃的蛋白不宜使用，故分蛋步驟必須落實。因蛋黃中含卵磷脂，油脂會使蛋白無法打發。

5. 時間：蛋白霜和蛋黃糊拌好後，盡量於 10 分鐘內放入烤箱烤焙。放置過久會使蛋白霜逐漸消泡。

✎ 消泡麵糊判斷方式：從有紋路的稠狀逐漸變成無紋路的水狀。消泡的蛋糕因為失去空氣的蓬鬆感，蛋糕質地會變硬且口感不佳。

製作戚風蛋糕捲

深烤盤麵糊

重量 / 1 份（約 400g）　烤盤尺寸 / 長 28× 寬 24.5× 高 3cm

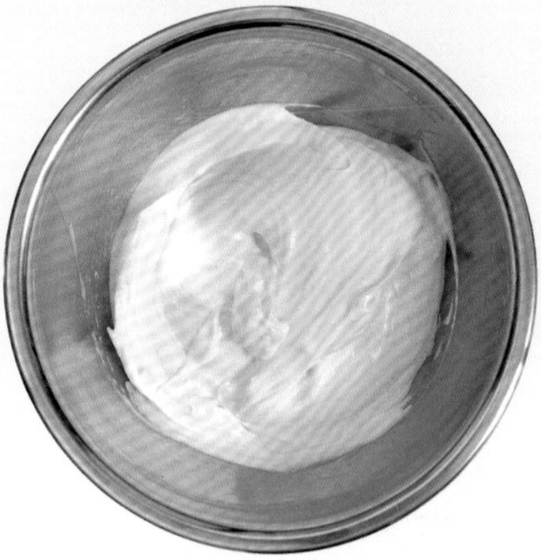

材料 *Ingredients*

蛋黃糊

蛋黃 4 顆（80g）
植物油 35g
水 35g
低筋麵粉 60g

蛋白霜

蛋白 4 顆（120g）
糖粉 60g

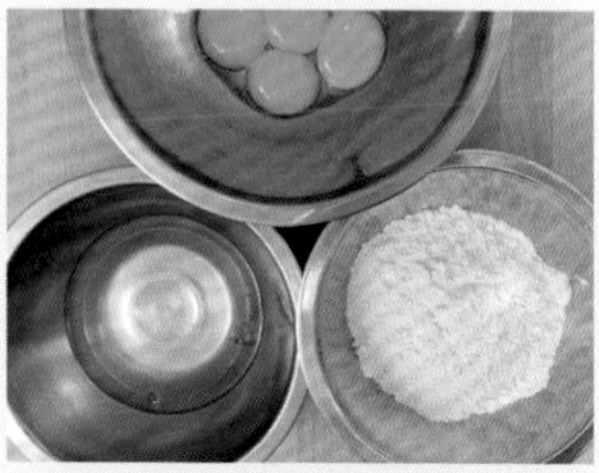

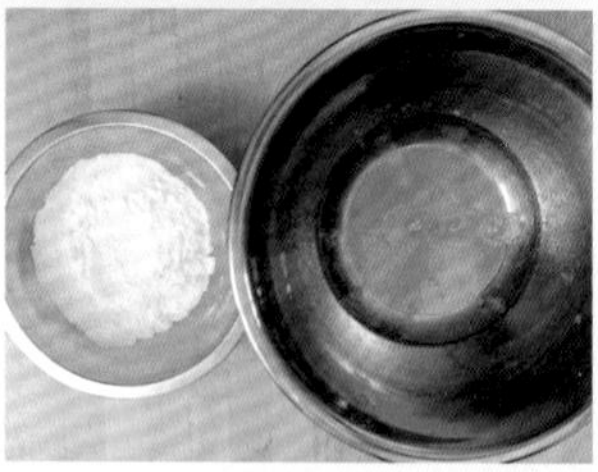

作法 *Step by Step*

預熱烤箱

01
烤箱預熱上火 170°C、下火 150°C。

/ 烤焙蛋糕捲的烤溫下火比較低，以免烤焦。若家中是單火候，則溫度取平均值 160°C。

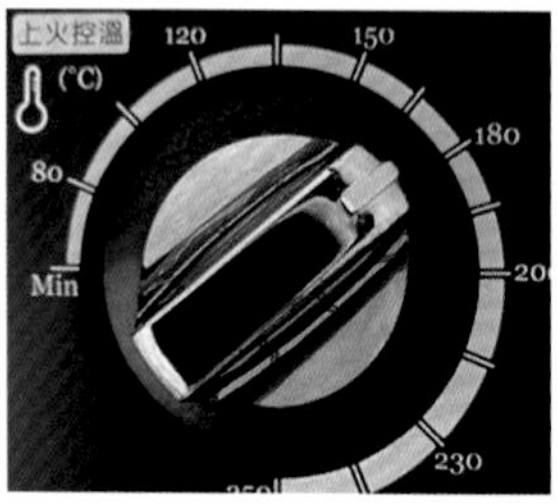

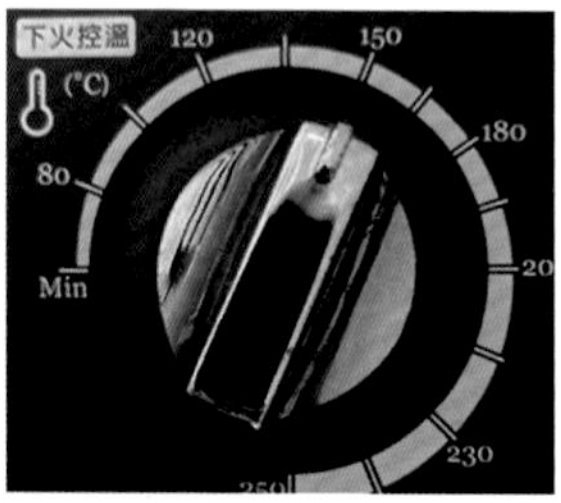

蛋黃糊

02
攪拌蛋黃糊，和七吋天使麵糊作法 02 ～ 04 相同（P.16）。

/ 常溫的蛋黃和油、水混合時較不易分離，加入麵粉後也較不易結塊，可將冷藏的蛋黃放置室溫約 10 分鐘待退冰。

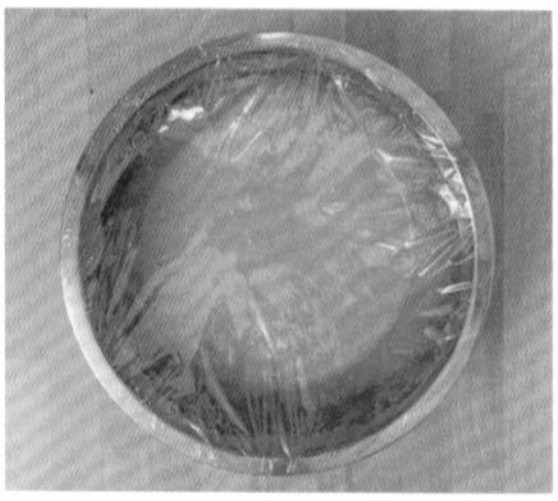

03

打發蛋白至呈現挺立的小彎鉤狀（約8分發），
和七吋天使麵糊作法 05 ～ 08 相同（P.17）。

✐ 蛋白打發至小彎鉤（約8分發）即可，過發容易
在拌蛋黃糊時出現許多蛋白結塊。若未將蛋白結塊
拌勻，則蛋糕組織容易產生空洞。

蛋糕麵糊

04

將蛋白霜分次與蛋黃糊輕輕混合至7成均勻
的麵糊，和七吋天使麵糊作法 09 ～ 12 相同
（P.18）。

麵糊調色

05

使用牙籤沾取所需要的顏色（色膏或色粉），
加入白色麵糊中，使用手動打蛋器輕輕將有色
麵糊攪拌至均勻。

✐ 當麵糊7成均勻時，即可進行調色；若無調色，
則直接將麵糊翻拌至均勻後入模烤焙。

06

將麵糊倒入墊烘焙紙的深烤盤中。

07

使用塑膠刮板將麵糊表面推平。

✏ 麵糊推平，可防止麵糊高低差，使烤溫不均而造成熟成不一致。

烤焙

08

裝麵糊的深烤盤放入烤箱中層烤焙，以上火170°C、下火150°C烤15分鐘至表面金黃，使用蛋糕探針插入蛋糕體，拔出探針若無沾黏表示蛋糕熟了，即可出爐。

✏ 若探針有沾黏麵糊，則繼續烤5分鐘為一階段，直到無沾黏後出爐。

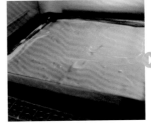

脫模

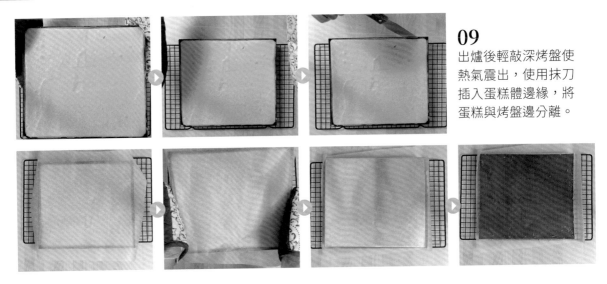

09

出爐後輕敲深烤盤使熱氣震出，使用抹刀插入蛋糕體邊緣，將蛋糕與烤盤邊分離。

10

蓋上烘焙紙，將深烤盤倒扣，使蛋糕自然掉落於烘焙紙上，拿掉烤盤。

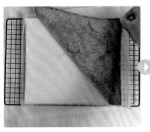 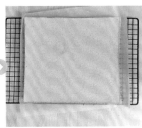 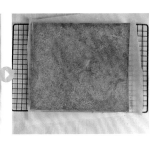

11

將正面的烘焙紙小心
撕除,反蓋於蛋糕上
保濕,放置待涼。

／蓋上烘焙紙,可避免
蛋糕過於乾燥導致後續
無法捲動。

鮮奶油打發

12

放涼期間製作蛋糕捲
內餡,動物性鮮奶油
100g 倒入攪拌缸,
使用電動打蛋器轉中
速,打發鮮奶油至紋
路不流動狀態。

／打發動物性鮮奶油容易飛濺,可挑選有深度的鋼盆。
／打過發的鮮奶油(呈碎豆花狀)無法使用,當鮮奶油開始出現紋路時,可調降至低
速慢慢打至不流動狀態。

撕除烘焙紙

13

掀開放涼的蛋糕,蓋
上烘焙紙。

 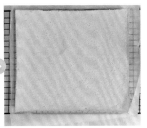

14

翻至背面,撕開烘焙
紙。

抹內餡

15
先均勻塗抹喜歡的市
售果醬 100g。

16
再使用抹刀均勻塗抹
打發的鮮奶油 100g。
🖊 打發完的鮮奶油不宜放
置過久（會油水分離），
故夾餡前再準備即可。

捲起

17
類似包壽司的方式連
同烘焙紙將蛋糕拉
起，一口氣往前捲成
長條形。

18
用烘焙紙包裹好固定
蛋糕捲，兩端捲緊。
🖊 包好的蛋糕捲可放入
冰箱冷藏，可加速定型。

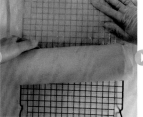

19
打開烘焙紙，用蛋糕刀將蛋糕捲兩側邊緣修飾平整，即完成蛋糕捲。

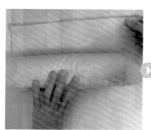 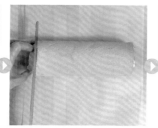 

🔊 麵糊的份量與運用？

書中除了熱帶水果捲（P.220）使用蛋糕捲麵糊外，其他皆以七吋圓形麵糊配方製作造型戚風蛋糕，麵糊將因為個人的熟練度、少許的耗損量，所以皆有預留重量。若製作完有多餘的麵糊，可以倒入其他模具一起烤焙，直接當點心食用。

🔊 為什麼鮮奶油需要低溫打發？

鮮奶油需要低溫約 5 分鐘打發，深鋼盆與電動打蛋器的蛋頭可先放置冰箱冷藏，或打發時於深鋼盆下方放置保冰袋或裝有冰塊的容器，並調整室溫約 23℃以下，也可加入 5g 的糖粉協助打發。若以上步驟都有落實卻依然無法打發，建議換牌子，因有些品牌的鮮奶油適合調味但不適合夾餡。

造型蛋糕加分的裝飾

◉ 巧克力最佳幫手 ◉

巧克力融化後可裝飾造型戚風蛋糕的五官或部分配件，比如畫動物、人偶的表情，也可當作糕體與小物件的黏著劑。以下將提供童話公主與騎士的裝飾、兩種巧克力融化方法，先學會這些基本課程，可使後續造型各類主題更得心應手。

巧克力融化方法

準備各色巧克力

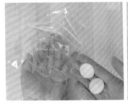   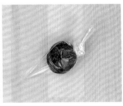

01 準備食譜所需要的各色鈕釦型巧克力份量，分別裝入三明治袋。

02 將三明治袋的袋口綁緊，再進行融化。

瓦斯爐隔水加熱

取鍋子大小各一個，大鍋裝水約一半高度，小鍋內放巧克力袋後放在大鍋上方，採隔水加熱法。瓦斯爐開小火，加熱至外鍋水冒白煙（水溫大約 50℃）即可關火，這個溫度就能讓巧克力融化。當巧克力開始凝固無法擠出時，重複相同步驟加熱外鍋水至有冒煙時關火。

乾果機直接加熱

乾果機和電磁爐、瓦斯爐比較，更安全且省電，是讓巧克力保持融化狀態的好選擇。乾果機具加熱乾燥用途的家電，常見為烘乾水果乾或肉乾等可自製家用小點心，它有一個加熱出風口，配上數個網狀壓克力盤子，可將需加熱乾燥的食材放置於盤子上，常見介面標示的溫度為 35 ～ 75℃。

將巧克力袋放於網狀壓克力盤子上，需使巧克力融化，果乾機設定 40°C即可，不需要關機可持續讓巧克力保溫，不必擔心巧克力融化過頭，可以等到繪製完造型戚風所需的五官配件後再關機。巧克力袋下方可用大油力士紙做為容器，防止流出三明治袋的巧克力滴落至機台內而毀損。

巧克力調色示範

製作造型戚風前，先確認書中需要融化的巧克力顏色與份量，以「童話公主與騎士」（P.54）為範例，需要如下各色巧克力。

融化的白色巧克力 5g

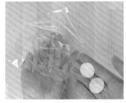 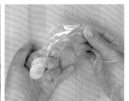

01 白色巧克力是黏合必備的材料，將白色鈕釦型巧克力 2 顆裝入三明治袋內，袋口綁緊。

融化的黑色巧克力 10g

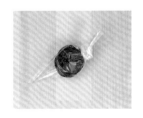

01 苦甜鈕釦型巧克力 3 顆裝入三明治袋內，袋口綁緊。

融化的白色巧克力 5g ＋粉紅色色膏 1 米粒

 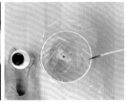  

01 白色鈕釦型巧克力 2 顆裝入三明治袋內，袋口並綁緊，直到隔水加熱融化成液狀後，用牙籤沾取粉紅色色膏 1 米粒於融化的白色巧克力，畫圈融合。

02 再將整包三明治袋拿起，搓揉袋子使色膏均勻調成粉紅色巧克力，染色後將袋口綁緊。

融化的白色巧克力 5g ＋竹炭粉 1 米粒

 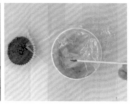  

01 白色鈕釦型巧克力 2 顆裝入三明治袋內，袋口並綁緊，直至隔水加熱融化成液狀後，用牙籤沾取竹炭粉 1 米粒於融化的白色巧克力，畫圈融合。

02 將整包三明治袋拿起，搓揉袋子使色膏均勻調成灰色巧克力，完成後再將袋口綁緊。

📢 巧克力融化與調色重點？

巧克力只要融化成液狀且不燙手的狀態，即可使用。袋口不宜剪太大，否則流量大難操控，無法繪製出精緻的五官。可使用天然色粉或蔬果粉調色，但粉類易與巧克力分離，顏色較黯淡且出現顆粒，可自行斟酌調色方式。

繪製與黏合

蛋糕本身有氣孔，直接將巧克力擠在蛋糕上繪製時，容易凹凸不平而影響美觀，若審美標準可接受，也可省略繪製於饅頭紙上再夾取黏合的步驟。

裝飾五官表情

01 已融化的有色巧克力裝入三明治袋內後綁緊，從尖端剪 0.2cm 的小開口。

 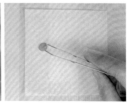

02 擠出融化的巧克力於饅頭紙上，待放涼定型後（可室溫放涼，或冰箱冷藏或冷凍 5 分鐘），用鑷子夾起巧克力片（可防止手溫太高而融化）。

03 用融化的白色巧克力擠於蛋糕表面將兩者黏合。

📢 **使用鑷子夾巧克力片原因？**

巧克力片使用鑷子拿取黏合，比較不會因為手溫而融化。

◉ 其他裝飾技巧 ◉

除了融化的巧克力裝飾外，市售有許多色彩繽紛的翻糖、糖片也可拿來裝飾蛋糕，比如白色翻糖和食用色膏調色可運用於「夏日沙灘碉堡」（P.164），或是糖片撒於蛋糕表面裝飾，比如「探索海洋世界」（P.148）、「溫馨聖誕派對」（P.186）。

翻糖

翻糖由糖、玉米糖漿、水、油等成分組合而成的柔軟甜食，口感類似牛奶糖。顏色以白色爲主、甜度固定，如黏土般可調色捏塑各式各樣的形狀，風乾後會變得堅硬。可搭配各種翻糖矽膠模具做出多變的配件來裝飾蛋糕。因接觸水氣時會變回柔軟狀態，故裝飾蛋糕時，偶爾因蛋糕本身水氣或需要一起冷藏而有些微軟化，屬正常現象。

糖片

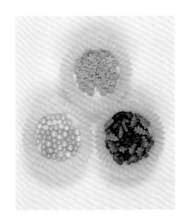

市售糖片琳瑯滿目，非常適合裝飾造型甜點，增加繽紛的視覺效果。糖片由糖、油、色素等成分組合而成的硬質甜點，口感堅硬有甜味。因接觸水氣時色素容易出水沾染至蛋糕上，故可於使用蛋糕的最後一刻再進行裝飾。

模具的加工處理

◉ 蛋殼背面開洞 ◉

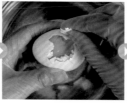 

01 使用鐵湯匙輕敲蛋殼背面至有裂縫即可，不需要敲得太碎，否則蛋殼容易混入蛋液中，很難去除。用手剝除蛋殼至蛋黃可流出的大小即可。

02 手指伸入蛋殼內壁摩擦將蛋膜撕除後洗淨（防烤焙蛋糕沾黏），放置乾燥再使用。

◉ 自製圓錐模 ◉

01 取白報紙或烘焙紙適當尺寸，剪裁出直徑 13cm 的圓形，可直接使用 6 吋童夢模繪製出圓形，修剪。

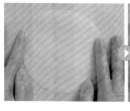

02 攤平後，剪一直線至中心點。

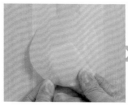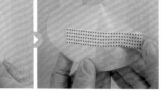

03 外圍以紙膠帶黏合呈圓錐狀，使用紙杯固定於下方後就能進行麵糊烤焙。

／ 可使用白報紙任意塑型出這種模具的形狀，再以紙膠帶黏合、紙杯固定後進行烤焙。圓錐模適用沙灘碉堡的圓錐屋頂（P.172）。

📢 製作蛋殼蛋糕的重點？

1 洗淨動作需輕巧：若力道大，易讓蛋殼碎裂。

2 蛋殼裂開：若只是裂開無破洞，可使用紙膠帶黏合裂開處，依然可使用。

3 蛋殼保持乾燥：蛋殼需乾燥無水分才能使用，可室溫乾燥多天備用，亦可於烤箱預熱時先將蛋殼放入烘乾。

4 蛋殼鈍端平面凹陷：若烤出來的蛋殼蛋糕鈍頭有平面凹陷，表示氣室的膜沒有撕除乾淨。

5 洞開大練習：初次嘗試使用蛋殼當模具時，建議可以將洞開大一點（勿大到超過半顆蛋），方便練習於蛋殼內繪製麵糊。

6 使用剪刀切除糕體：繪製完的蛋殼可以先放在鋁箔杯上固定。溢出的蛋殼蛋糕因離開蛋殼烤焙容易變高，導致口感不好，可以使用剪刀切除，也能兼顧美觀。

7 用廚房紙巾黏起蛋片表層：先用餐巾紙將容易沾黏的蛋片表層黏起來，讓製作蛋糕配件過程時好操作。

新手製作常見問答集

Q 蛋糕的圖案分線混濁原因？

麵糊消泡了，導致組織不穩定使麵糊混合時混濁，消泡原因可能如下。

1 蛋白打發不足： 未到小彎鉤的狀態就混合蛋黃糊。

2 繪製麵糊時間太長： 導致蛋白霜自然消泡，故建議新手從簡單、顏色少的造型開始練習。

3 室溫太高： 蛋白霜遇熱，狀態不穩定容易消泡，若室溫超過23℃，需開冷氣降溫。

4 烤箱預熱不完全： 蛋白霜遇熱不穩定消泡，故落實烤箱預熱步驟。

NG

Q 可使用不沾烤模嗎？

戚風蛋糕水分較麵粉比例多，需要靠沾黏模具才能在烤焙時順利膨脹，切記不能使用不沾黏材質的模具，也不可於模具內使用烘焙紙或模具內抹油，這些原因都是失敗關鍵。

Q 蛋糕體上色如何調整溫度？

將所有烤溫調降10℃為一個階段，測試看看是否仍有上色問題，若無法烤熟則調升5℃再測試，直到抓穩適合的烤溫。若調降溫度超過20℃仍上色嚴重，可能是烤箱本身功能不適合烘焙使用（比較適合料理類）。

Q 烤好的蛋糕體濕濕的？

1 爐溫偏低沒有烤熟：每台烤箱即使同品牌也會有些微的溫度差異，必須先了解自身烤箱的狀況。建議增加烤焙時間，以 10 分鐘為一個循環烤至探針不沾黏。

2 麵糊消泡：導致水分含量高不易烤熟，建議需找出蛋白消泡原因並改善。

Q 烤好的蛋糕需倒扣嗎？

戚風蛋糕液體量比粉類多，主要靠打發的蛋白膨脹，所以組織鬆軟支撐力較差，倒扣能使重力延展體積，讓蛋糕形狀穩固不易回縮。

Q 為什麼烤好的蛋糕表面會裂？

裂開屬正常現象，蛋糕遇熱膨脹，頂部蛋糕因離開模具，水分易流失而導致裂開；若喜歡光滑的表面，建議以下幾種方式使蛋糕不要長太高。

1 蛋白不要打過發：蛋白霜成小彎鉤約 8 分發，以控制蛋白的發度。

2 調降烤箱溫度：烤溫調降 10℃為一個階段，測試看看是否仍會裂開，直到掌握適合的烤溫。

3 麵糊填到模具 8 分滿：讓麵糊烤焙後剛好發至滿模，不會太高。

Q 蛋糕體凹陷的原因？

1 使用不沾的模具烤焙：也等同模具內使用烘焙紙、模具內抹油，以上皆會使戚風蛋糕無法靠沾黏模具順利膨脹而導致凹陷，故需落實使用沾黏模具烤焙。

2 蛋白霜打發不足：因組織薄弱無法撐起蛋糕體。

3 模具未完全放涼就脫模：此時蛋糕尚未穩固成型，需待完全放涼才可脫模。天使模與煙囪模的中空處較容易被忽略，而有此狀況。

Q 為何蛋糕倒扣時掉下來？

1 材料秤錯：麵糊比例錯誤，使水分比例過高而導致麵糊過重。
2 使用到不沾的模具烤焙：也等同模具內使用烘焙紙、模具內抹油，導致蛋糕無法沾黏模具而直接於倒扣時掉落。

Q 半圓模脫模方式？

先用手指指面將表面蛋糕與模具分離，再繼續分離蛋糕體至蛋糕底，感覺蛋糕已完全與模具底部分離時即可完整取出。

Q 戚風蛋糕可先做好冷藏或冷凍嗎？

戚風蛋糕賞味期為常溫 1 天、冷藏 3 天、冷凍 2 星期，常溫退冰約半小時可恢復鬆軟口感（冬天需要較久）；蛋糕捲因為夾果醬與鮮奶油，故無法常溫，應冷藏 3 天，無法冷凍（鮮奶油會出水）。蛋糕放涼後建議立即以保鮮膜包裹，防止水分流失導致口感不佳。

Q 使用擀麵棍擀蛋糕目的？

用擀麵棍擀過的蛋糕片（饅頭紙隔著防沾黏），接著使用壓模切出來的形狀會比沒有擀過的蛋糕片，配件輪廓更加明顯漂亮。

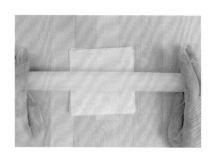

◉ 作者貼心叮嚀

為了讓讀者們一步步了解造型戚風的製作流程,所以本書拍攝步驟圖非常詳細,照片量近 1500 張的圖解書。由於需仔細拍攝每個製作過程,故暫停操作而耗時許多時間,導致麵糊放置較久而些許消泡、蛋糕出爐後放置較久而乾燥,這些狀況皆容易出現顏色不均勻、裂痕、顏色之間的分線模糊等,使成品照無法達預期的最佳狀態。透過如下狀況圖、理想圖對照,就可發現其差異。

原因	狀況圖 **NG**	理想圖 **OK**
顏色不均勻		
顏色不均勻		
顏色之間的 分線模糊		

除此之外,我也整理學生常提問或遇到的困難於問答集單元,若你在正常製作造型戚風過程中,出現以上情形,都能獲得詳細解答,或可上 FB 搜尋「北鼻糖霜 & sugar baby」,由我為你找出原因,並祝福大家自在開心完成書中每個主題造型戚風蛋糕。

Chapter

2

親手做造型蛋糕

組織蓬鬆綿細的戚風蛋糕人人愛,

透過各種蛋糕模具與壓模,

可造型出許多卡哇伊的人偶、動物和十二生肖等,

更適合和家人、孩子一起動手做,

創造屬於自家風味和獨一無二的模樣!

就像自己和三五好友一同下午茶般，悠閒的心境。

拿著攪拌棒一起開心攪拌著，

頭上還有好朋友蜜蜂相伴，

慢慢從蜂蜜罐流出來了，

可愛憨憨熊喜歡吃的蜂蜜，

熊愛吃蜂蜜

❈ 完成份量

呆萌棕熊	1 隻
嗡嗡勤勞蜜蜂	1 隻
甜蜜蜂蜜罐	1 個
快樂攪拌棒	1 支

❈ 裝麵糊模具

4 吋童夢模	1 個
半圓模具	1 個
大油力士紙	1 個
中油力士紙	1 個
橫式蛋殼	2 個

＊蛋殼背面開洞方法見 P.32。

❈ 蛋糕麵糊量

七吋天使模麵糊	0.5 份（P.16）

❈ 各色巧克力量

融化的白色巧克力	10g
融化的黑色巧克力	15g
融化的白色巧克力 10g ＋黃色色膏 1 米粒 →調成黃色	

＊巧克力調色方法見 P.29。

❈ 裝飾配件

字母翻糖矽膠模具	1 組
棉線	3 條（每條 15cm）
市售巧克力棒	1 支

A. 呆萌棕熊

❖ 材料 *Ingredients*

【臉、鼻子、耳朵、手】

天使模麵糊 45g ＋棕色色膏 5 米粒 →拌勻成棕色麵糊

❖ 作法 *Step by Step*

01
烤箱預熱上下火160°C。

02
將拌勻的棕色麵糊裝
入套於杯中的三明治
袋，袋口並綁緊。

03
棕色麵糊 30g 擠入半圓模具填滿，剩餘麵糊
15g 擠入大油力士紙。

 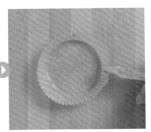

04

半圓模具下方使用鋁箔杯固定，與裝麵糊的油力士紙排入烤盤，放入烤箱中層。

05

使用上下火 160°C 烤 15 分鐘，調降上下火 140°C 烤 5 分鐘，取出油力士紙蛋糕。

06

取出後輕敲，倒扣於置涼架放涼。使用上下火 140°C 續烤 5 分鐘，取出半圓蛋糕，輕敲後倒扣放涼。

造型

07

取下油力士紙蛋糕片，上下蓋著饅頭紙，使用擀麵棍擀平。

08

使用蛋糕刀將半圓蛋糕表面修飾平整。

09

用手往內將蛋糕輕撥，讓蛋糕脫離模具。

10

準備壓模各 1 個：直徑 1cm 圓形、直徑 2cm 圓形。將直徑 1cm 圓形壓模放在大油力士紙的棕色蛋糕片上，切出 2 片（耳朵）。

11

將直徑 2cm 圓形壓
模放在大油力士紙的
棕色蛋糕片上，切出
2 片。

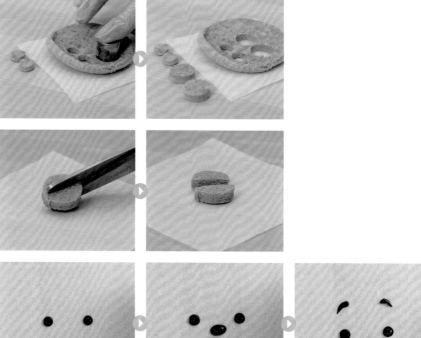

12

當中 1 片當作鼻子，
另 1 片剪半得到半圓
2 片（手）。

13

融化的黑色巧克力擠出直徑 1cm 的圓形 2 個（眼），接著擠出長 1× 寬 0.5cm
的橢圓形 1 個（鼻子），繼續擠出長 0.5cm 的 1/4 圓弧線 2 條（眉毛）。

黏合

14

開始黏合，用融化的白色巧克力將鼻頭 1 個黏於臉正中央。

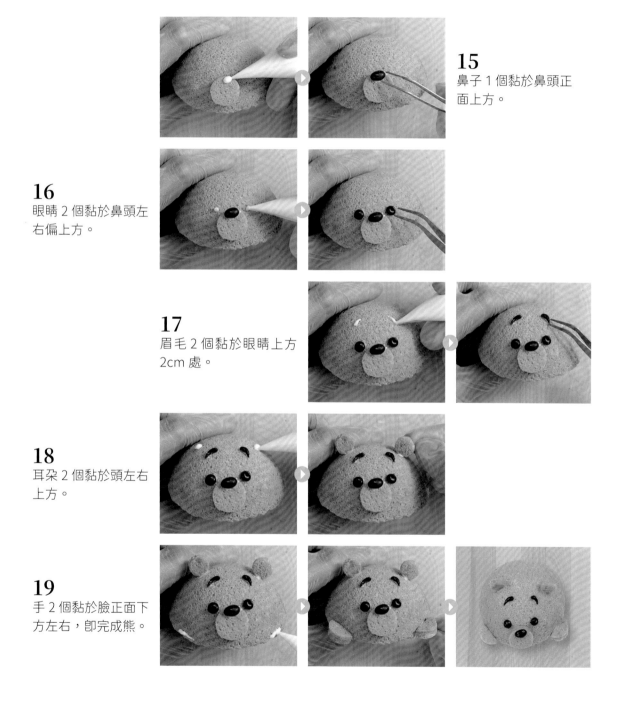

15
鼻子 1 個黏於鼻頭正
面上方。

16
眼睛 2 個黏於鼻頭左
右偏上方。

17
眉毛 2 個黏於眼睛上方
2cm 處。

18
耳朵 2 個黏於頭左右
上方。

19
手 2 個黏於臉正面下
方左右，即完成熊。

B. 嗡嗡勤勞蜜蜂

✖ 材料 *Ingredients*

【紋路】

天使模麵糊 5g ＋棕色色膏 1 米粒 →拌勻成棕色麵糊

【全身】

天使模麵糊 20g ＋黃色色膏 2 米粒 →拌勻成黃色麵糊

【翅膀】

天使模麵糊 10g →白色麵糊

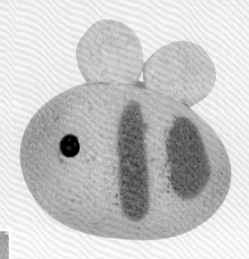

✖ 作法 *Step by Step*

> 烤焙

01

將烤箱預熱上下火 160℃，將拌勻的各色麵糊裝入套於杯中的三明治袋，袋口並綁緊。

02

棕色麵糊 5g 於蛋殼內中間、右側，擠出長 3×寬 0.3cm 的長條（斑紋）。

03
黃色麵糊 20g 擠於斑紋處外圍，將其形狀先包覆起來。

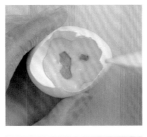

04
剩餘黃色麵糊將橫式蛋殼填滿（身體）。

05
白色麵糊 10g 擠至中油力士紙（翅膀）。

06
蛋殼下方使用鋁箔杯固定，與其他裝麵糊的油力士紙排入烤盤，放入烤箱中層。

07
使用上下火 160℃烤 15 分鐘，調降上下火 140℃烤 5 分鐘，取出油力士紙蛋糕。

08
取出後輕敲，倒扣於置涼架放涼。

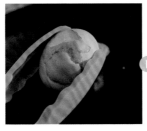

09
使用上下火 140℃續烤 5 分鐘，取出蛋殼蛋糕，不用敲，開口朝旁放涼。

造型

10
取下油力士紙蛋糕片，上下蓋著饅頭紙，使用擀麵棍擀平。蛋殼蛋糕以剪刀修除外露的蛋糕，剝除蛋殼。

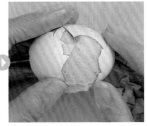

11

將直徑 2cm 圓形壓模
放在中油力士紙的白
色蛋糕片上，切出 2
片（翅膀）。

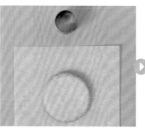 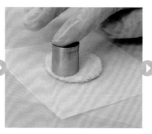 

12

融化的黑色巧克力擠出直徑 0.5cm 的圓形 1 個
（眼睛）。

黏合

13

開始黏合，用融化的白色巧克力將眼睛黏於身體
左側區塊正中央。

14

翅膀 2 個黏於身體上
方左右，即完成蜜蜂。

  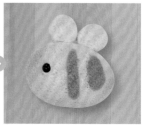

C. 甜蜜蜜蜂罐

✖ 材料 *Ingredients*

【罐子、紋路】

天使模麵糊 120g ＋棕色色膏 10 米粒 →拌勻成棕色麵糊

天使模麵糊 60g ＋黃色色膏 5 米粒 →拌勻成黃色麵糊

✖ 作法 *Step by Step*

> 烤焙

01

烤箱預熱上下火160℃。

02

部分棕色麵糊、部分黃色麵糊裝入套於杯中的三明治袋，過多無法裝袋的麵糊於調色碗中備用。

03

棕色麵糊擠至童夢模高度 1/3 處。

04

黃色麵糊 60g 擠於棕色麵糊分線,包覆穩固其形狀。

05

再將剩餘黃色麵糊填至模具 2/3 高度。

06

棕色麵糊擠於黃色麵糊分線,包覆穩固其形狀。

07

再將剩餘棕色麵糊填滿童夢模,排入烤盤後放入烤箱中層。

08

使用上下火 160°C 烤 15 分鐘,調降上下火 140°C 烤 15 分鐘,取出童夢模蛋糕,輕敲後開口朝旁放涼。

造型

09

使用蛋糕刀將童夢模蛋糕表面修飾平整,蛋糕撥離模具即可脫模。

10
融化的黑色巧克力擠入字母翻糖矽膠模具的 H、O、N、E、Y 槽。

11
放入冰箱冷藏 5 分鐘定型，取出後脫模。

黏合

12
開始黏合，用融化的白色巧克力將字母巧克力黏於蜂蜜罐黃色正中央。

13
用融化的黃色巧克力將蜂蜜罐邊緣隨意擠出滴落感，呈現蜂蜜裝飾。

14
字母建議從中間往外黏合，比較不會出現字母排列不置中的問題，即完成蜂蜜罐。

D. 快樂攪拌棒

材料 *Ingredients*

【攪拌棒】

天使模麵糊 25g ＋棕色色膏 3 米粒 →拌勻成棕色麵糊

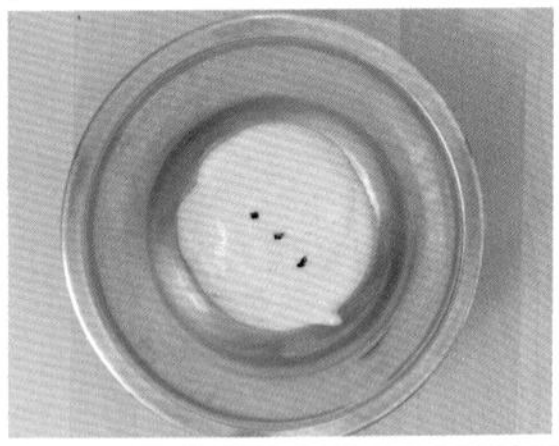

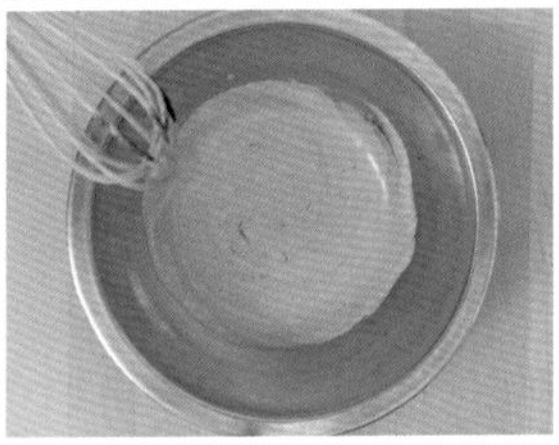

作法 *Step by Step*

烤焙

01

烤箱預熱上下火160°C。

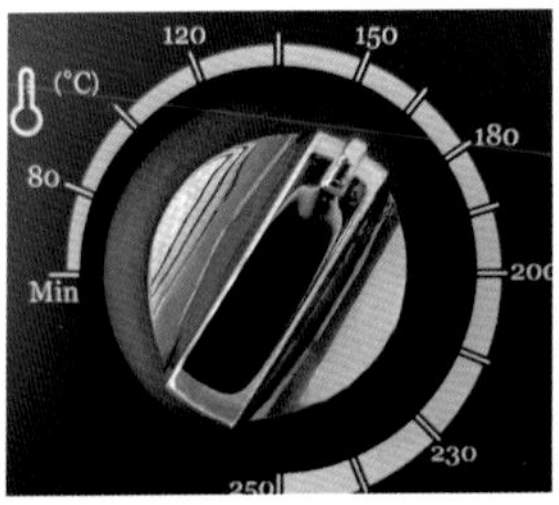

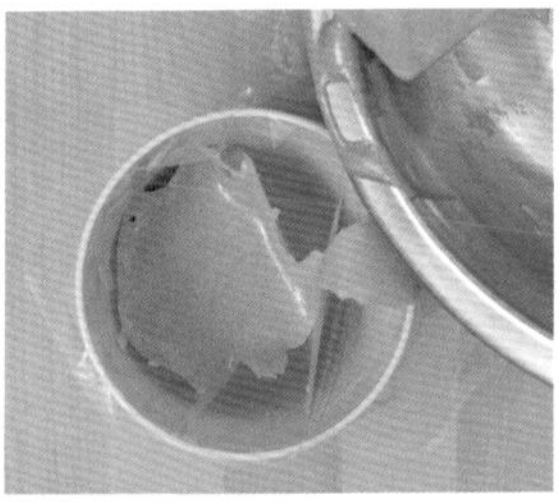

02

將拌勻的棕色麵糊裝入套於杯中的三明治袋，袋口並綁緊。

03

棕色麵糊 25g 將橫式蛋殼填滿（攪拌棒頭），蛋殼下方使用鋁箔杯固定，放入烤箱中層。

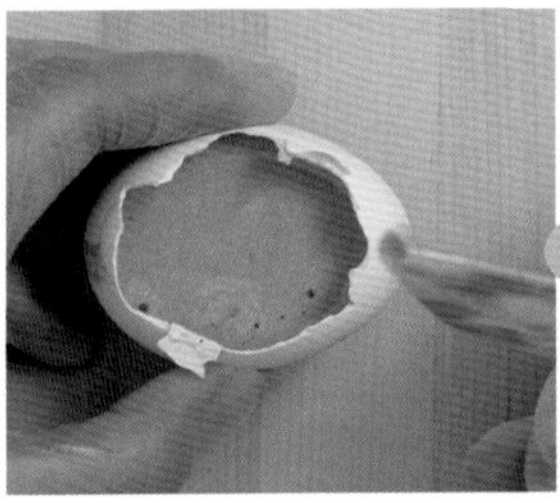

04

上下火 160°C烤 15 分鐘，調降上下火 140°C 烤 10 分鐘，取出蛋殼蛋糕，不用敲，倒扣至放涼。

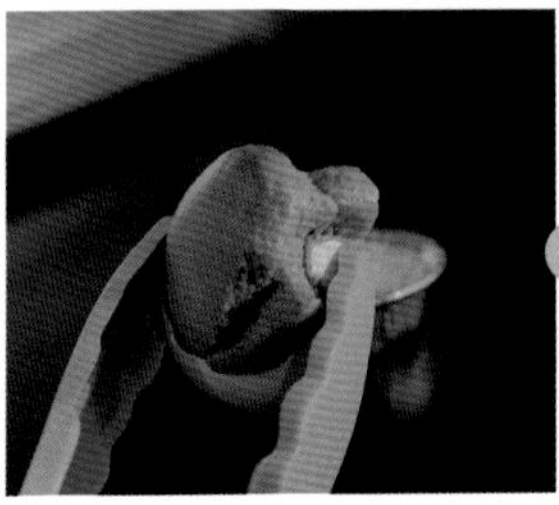

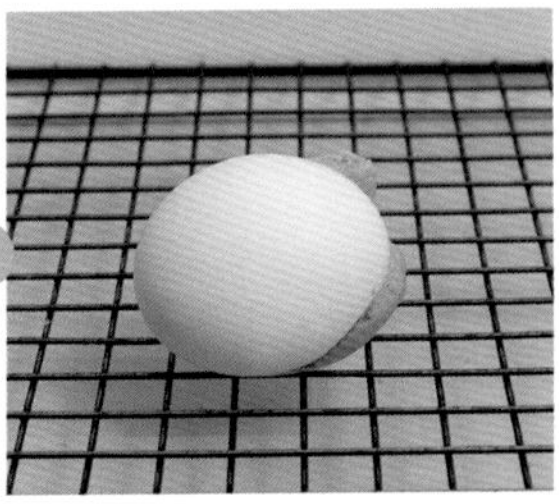

造型

05
蛋殼蛋糕以剪刀修除外露的蛋糕,剝除蛋殼。

06
使用棉線 3 條將攪拌棒蛋糕綁出三條壓痕,放置 5 分鐘定型,剪開棉線。

黏合

07
開始黏合,用融化的白色巧克力將市售巧克力棒插入蛋殼蛋糕內黏合,即完成攪拌棒。

整體組合裝飾

Step
01
融化的白色巧克力將熊黏於蜂蜜罐上方。

Step
02
將蜜蜂黏於熊上方。

Step
03
將攪拌棒黏於蜂蜜罐正面。

Step
04
市售巧克力棒修剪成適合的長度即可。

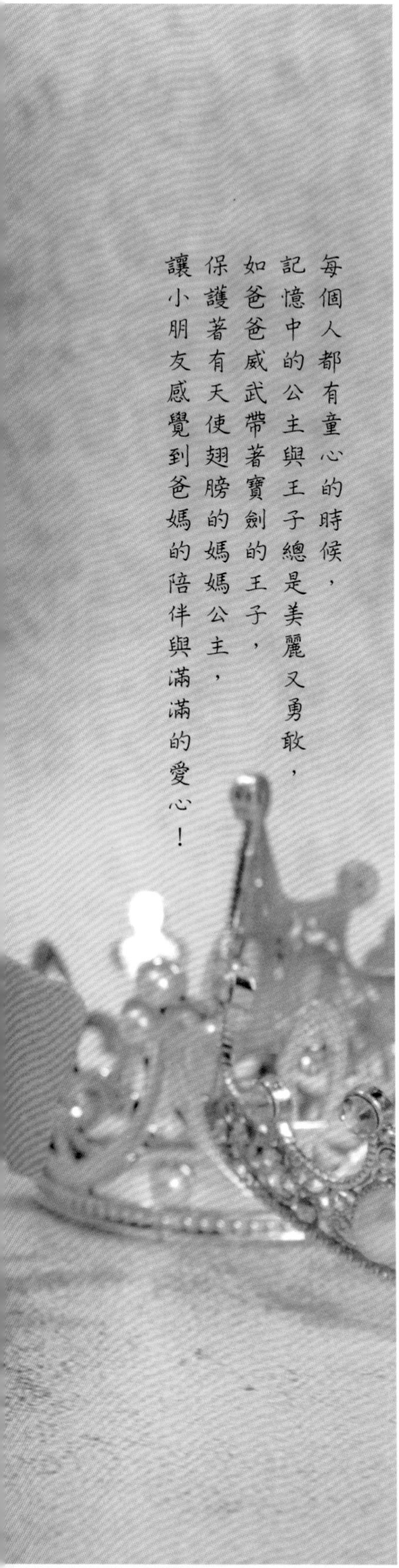

每個人都有童心的時候，
記憶中的公主與王子總是美麗又勇敢，
如爸爸威武帶著寶劍的王子，
保護著有天使翅膀的媽媽公主，
讓小朋友感覺到爸媽的陪伴與滿滿的愛心！

童話公主與騎士

完成份量

魔法公主……1 位
勇敢騎士……1 位

裝麵糊模具

小油力士紙……3 個
中油力士紙……1 個
大油力士紙……2 個
深半圓模具……2 個
橫式蛋殼……2 個

＊蛋殼背面開洞方法見 P.32。

蛋糕麵糊量

七吋天使模麵糊……0.5 份（P.16）

各色巧克力量

融化的黑色巧克力……10g
融化的白色巧克力……10g
融化的白色巧克力 5g ＋粉紅色色膏 1 米粒 →調成粉紅色
融化的白色巧克力 5g ＋竹炭粉 1 米粒 →調成灰色

＊巧克力調色方法見 P.29。

A. 魔法公主

❋ 材料 *Ingredients*

【頭髮、皇冠】

七吋天使模麵糊 30g ＋黃色色膏 5 米粒 →拌勻成黃色麵糊

【臉、耳朵】

七吋天使模麵糊 15g ＋橘色色膏 1 米粒 →拌勻成膚色麵糊

【翅膀】

七吋天使模麵糊 10g →白色麵糊

【身體】

七吋天使模麵糊 50g ＋粉紅色色膏 3 米粒 →拌勻成粉紅色麵糊

❋ 作法 *Step by Step*

烤焙

01
將烤箱預熱上下火
160℃。將拌勻的各
色麵糊裝入套於杯中
的三明治袋，袋口並
綁緊。

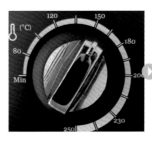  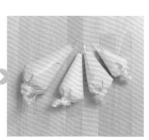

02

黃色麵糊 5g 擠於蛋殼內上方，擠出左右 2 個直徑 1.5cm 的圓形（頭髮）。

03

膚色麵糊 10g 於蛋殼內中央，擠至蛋殼的一半（臉）。

04

剩餘膚色麵糊 5g 擠至小油力士紙（耳朵）。

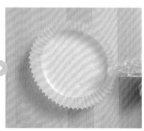

05

黃色麵糊 10g 將蛋殼空間填滿（頭髮）。黃色麵糊 15g 擠至大油力士紙（長髮、皇冠）。

06

白色麵糊 10g 擠至中油力士紙（翅膀）。粉紅色麵糊 50g 填滿深半圓模具（身體）。

07

蛋殼下方使用鋁箔杯固定，與其他所有裝麵糊的模具排入烤盤，放入烤箱中層。

08

使用上下火 160°C 烤 15 分鐘，調降上下火 140°C烤 5 分鐘，取出油力士紙蛋糕。

09

取出後輕敲，倒扣於置涼架放涼。上下火 140°C續烤 5 分鐘，取出蛋殼蛋糕，不用敲卽放涼。

10

上下火 140°C再續烤 5 分鐘，取出深半圓蛋糕，輕敲後倒扣於置涼架放涼。

造型

11

所有蛋糕放涼後，蛋糕片擀平。蛋殼蛋糕以剪刀修除外露的蛋糕，剝除蛋殼。

 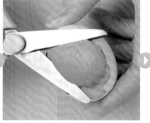 

12
深半圓蛋糕用蛋糕刀
將表面修飾平整。

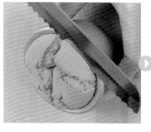 

 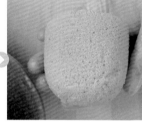

13
將蛋糕脫模。

14
準備壓模各 1 個：長
4× 寬 6cm 雲朵、長
1× 寬 1cm 星形、直
徑 1cm 圓形、長 2×
寬 1cm 水滴形。

 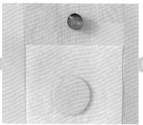 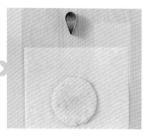

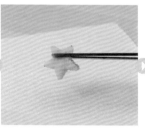 

15
將星形壓模放在大油
力士紙的黃色蛋糕片
上，切出 1 片，剪成
三角形（皇冠）。

16
使用雲朵壓模切出 1
片（長髮）。將圓形
壓模放在小油力士紙
的膚色蛋糕片上，切
出 1 片。

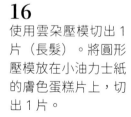   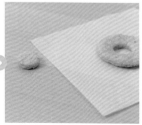

17
剪一半得到半圓 2 片
（耳朵）。

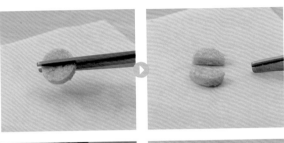

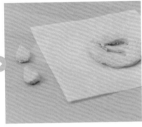

18
將水滴形壓模放在中
油力士紙的白色蛋糕
片上，切出 2 個（翅
膀）。

19
融化的黑色巧克力擠
出直徑 0.5 cm 的圓
形 2 個（眼睛）。

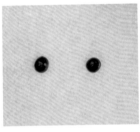

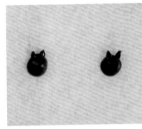

20
接著擠出長 0.2cm 的
長條 2 條於眼睛上方
（睫毛）。

21
繼續擠出長 0.5cm
的 1/4 圓弧線 2 條
（眉毛）。

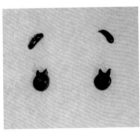

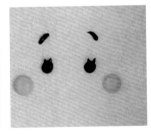

22
融化的粉紅色巧克力
擠出直徑 1cm 的圓
形 2 個（腮紅）。

黏合

23
開始黏合，用融化的
白色巧克力將皇冠黏
於頭上方。

24
將頭黏於身體上方。

25
長髮 1 片黏於頭右側。

26
將翅膀 2 片黏於身體
的左右。

27
耳朵 2 片黏於頭部的
左右。

28
眼睛 2 個黏於臉正面
左右。

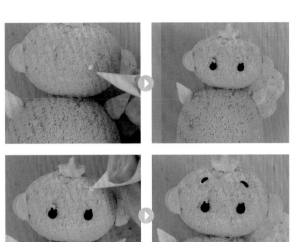

29
眉毛 2 條黏於眼睛上
方 1.5cm 處。

30
腮紅 2 個黏於眼睛外下
方，即完成公主。

B. 勇敢騎士

✖ 材料 *Ingredients*

【頭髮】

七吋天使模麵糊 15g ＋棕色色膏 5 米粒 →拌勻成棕色麵糊

【臉、耳朵】

七吋天使模麵糊 15g ＋橘色色膏 1 米粒 →拌勻成膚色麵糊

【衣服】

七吋天使模麵糊 25g →白色麵糊

【褲子】

七吋天使模麵糊 25g ＋藍色色膏 3 米粒 →拌勻成藍色麵糊

【皇冠】

七吋天使模麵糊 5g ＋黃色色膏 1 米粒 →拌勻成黃色麵糊

【披風】

七吋天使模麵糊 15g ＋紅色色膏 5 米粒 →拌勻成紅色麵糊

✿ 作法 *Step by Step*

烤焙

01
將烤箱預熱上下火160°C。將拌勻的各色麵糊裝入套於杯中的三明治袋，袋口並綁緊。

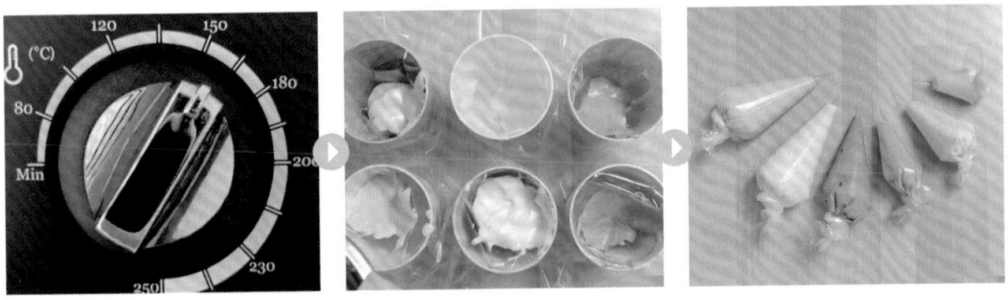

02
棕色麵糊 5g 於蛋殼內上方，擠出左右兩個直徑 1.5cm 的圓形（頭髮）。

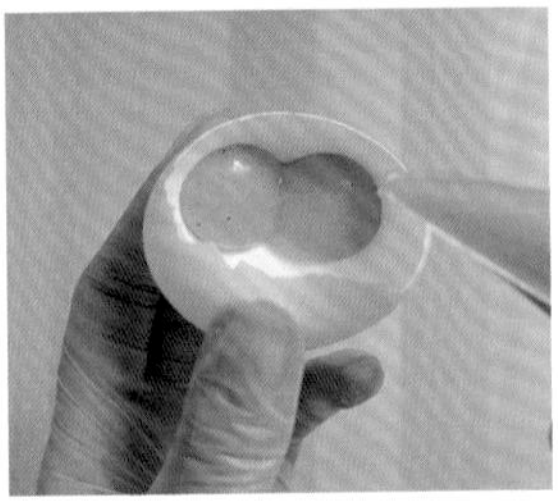

03
膚色麵糊 10g 於蛋殼內中央，擠至蛋殼的一半（臉）。

04
剩餘膚色麵糊 5g 擠至小油力士紙（耳朵）。

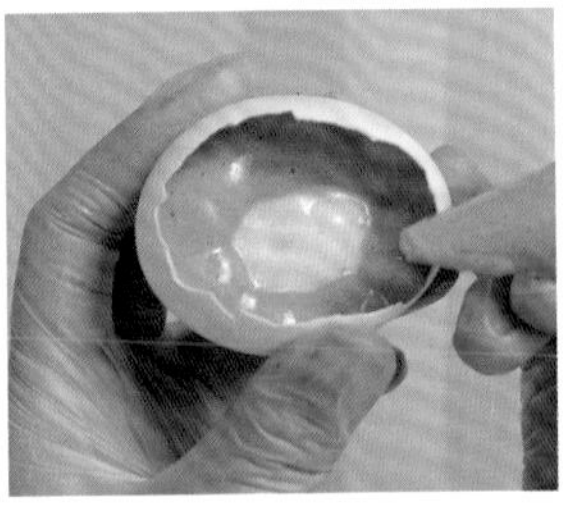

05
棕色麵糊 10g 將蛋殼填滿（頭髮）。

06
白色麵糊 25g 擠於深半圓模具一半高度（衣服）。藍色麵糊 25g 將深半圓模具填至 8 分滿（褲子）。

07
黃色麵糊 5g 擠至小油力士紙（皇冠）。紅色麵糊 15g 擠至大油力士紙（披風）。

08
蛋殼下方使用鋁箔杯固定，與其他所有裝麵糊的模具排入烤盤，放入烤箱中。

09
使用上下火 160°C 烤 15 分鐘，調降上下火 140°C 烤 5 分鐘，取出油力士紙蛋糕，輕敲後倒扣放涼。

10
使用上下火140°C續烤 5 分鐘，取出蛋殼蛋糕，不用敲即放涼。

11
上下火 140°C再續烤 5 分鐘，取出深半圓蛋糕。輕敲後倒扣於置涼架放涼。

造型

12
待所有蛋糕放涼後，取下油力士紙蛋糕片，上下蓋著饅頭紙，使用擀麵棍擀平。

13

蛋殼蛋糕以剪刀修除
外露的蛋糕，剝除蛋
殼。

14

深半圓蛋糕用蛋糕刀
將表面修飾平整，蛋
糕脫模。

15

準備壓模各 1 個：長
1× 寬 1cm 星形、直
徑 1cm 圓形、長 5×
寬 4cm 長方形。

16

將星形壓模放在小油
力士紙的黃色蛋糕
片，切出星形 1 片。

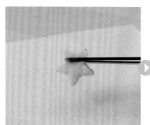 

17

剪成三角形（皇冠）。

66

18
將圓形壓模放在小油力士紙的膚色蛋糕片，切出 1 片。

 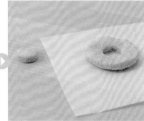

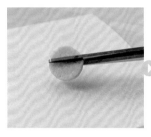

19
剪一半得到半圓 2 片（耳朵）。

20
將長方形壓模放在大油力士紙的紅色蛋糕片，切出 1 片。

 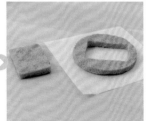

21
沿著對角線剪一半得到三角形 2 片（披風）。

22
融化的灰色巧克力擠出長 5× 寬 1cm 的寶劍形狀。融化的黑色巧克力擠出長 × 寬 1cm 的 T 形於寶劍巧克力片（把手）。

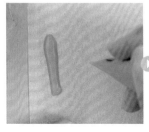 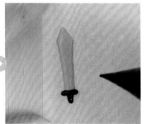

23

融化的黑色巧克力擠出直徑 0.5 cm 的圓形 2 個（眼睛），繼續擠出長 0.5cm 的 1/4 圓弧線 2 條（眉毛）。

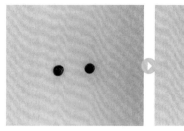 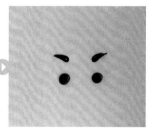

24

融化的粉紅色巧克力擠出直徑 1cm 的圓形 2 個（腮紅）。

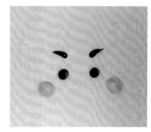

黏合

25

開始黏合，用融化的白色巧克力將皇冠黏於頭上方。

26

將頭黏於身體上方。

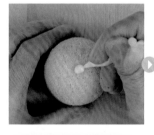 

27

耳朵 2 片黏於頭部的左右。

28
披風 2 片黏於身體後
方左右。

29
眼睛 2 個黏於臉正面
左右。

30
眉毛 2 條黏於眼睛上方
1cm 處。

31
腮紅 2 個黏於眼睛外
下方偏外側。

32
寶劍黏於身體正面右
側，即完成騎士。

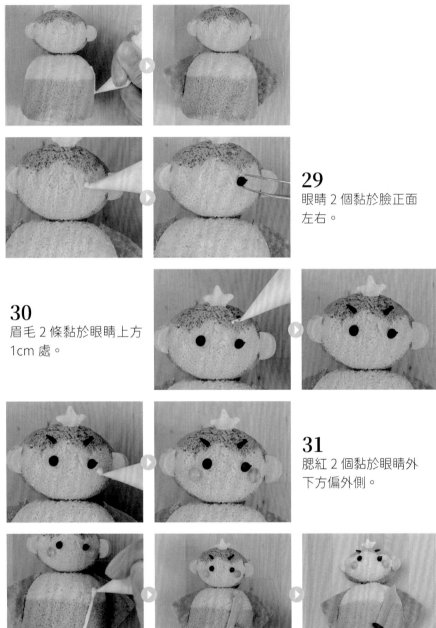

快樂森林家族

在有雲有花的熱鬧森林裡，
大大的戚風蛋糕裡面住著紅帽小女孩，
以及她的好朋友們。
切開蛋糕還有彩色的棉花糖掉出來，
肯定能給親友們無限的驚喜！

❇ 完成份量

活潑小紅帽女孩	1 位
壞壞大野狼	1 隻
憨厚小豬	1 隻
鮮豔花朵	6 朵
棕色柵欄	3 支
藍天綠地	1 組

❇ 裝麵糊模具

小油力士紙	2 個
中油力士紙	1 個
大油力士紙	5 個
七吋天使模	1 個
橫式蛋殼	3 個

＊蛋殼背面開洞方法見 P.32。

❇ 蛋糕麵糊量

七吋天使模麵糊	1 份（P.16）

❇ 各色巧克力量

融化的黑色巧克力	10g
融化的白色巧克力	10g

＊巧克力融化方法見 P.28。

❇ 裝飾配件

小顆彩色棉花糖	10g

A. 活潑小紅帽女孩

✖ 材料 *Ingredients*

【臉】

七吋天使模麵糊 5g ＋橘色色膏 1 米粒 →拌勻成膚色麵糊

【帽子】

七吋天使模麵糊 20g ＋紅色色膏 3 米粒 →拌勻成紅色麵糊

【頭髮】

七吋天使模麵糊 5g ＋黃色色膏 2 米粒 →拌勻成黃色麵糊

 ➡

✖ 作法 *Step by Step*

烤焙

01

將烤箱預熱上下火
160℃。將拌勻的各
色麵糊裝入套於杯中
的三明治袋，袋口並
綁緊。

 ➡  ➡

02

膚色麵糊 5g 於蛋殼內正中央，擠出 1 個直徑 5cm 的圓形（臉）。紅色麵糊 20g 將蛋殼填滿（帽子）。

03

黃色麵糊 5g 擠至小油力士紙（頭髮）。

04

蛋殼下方使用鋁箔杯固定，與裝麵糊的油力士紙排入烤盤，放入烤箱中層。

05

使用上下火 160°C 烤 15 分鐘，調降上下火 140°C 烤 5 分鐘，取出油力士紙蛋糕。

06

取出後輕敲，倒扣於置涼架放涼。

07

使用上下火140°C續烤 5分鐘，取出蛋殼蛋糕。

08

取出後不敲，開口朝旁放涼。

09
取下油力士紙蛋糕片，上下蓋著饅頭紙，使用擀麵棍擀平。蛋殼蛋糕以剪刀修除外露的蛋糕，剝除蛋殼。

10
準備壓模1個：直徑2cm圓形。將圓形壓模放在小油力士紙的黃色蛋糕片上，切出1片。

11
剪一半得到2片（頭髮）。

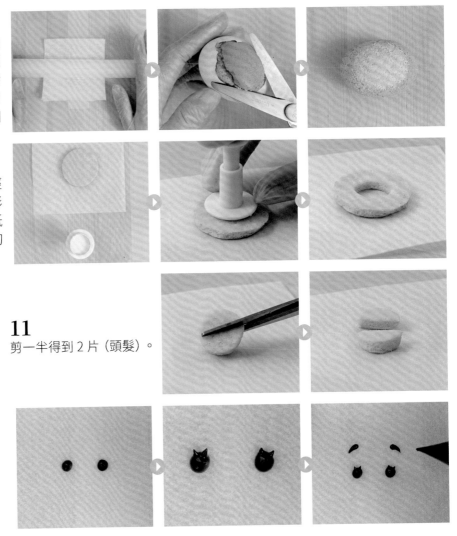

12
融化的黑色巧克力擠出直徑0.5cm的圓形2個（眼睛），接著擠出長0.2cm的長條2條於眼睛上方（睫毛），繼續擠出長0.5cm的1/4圓弧線2條（眉毛）。

黏合

13

開始黏合，用融化的
白色巧克力將頭髮 2
片黏於臉上方左右。

14

眼睛 2 個黏於臉正面
左右。

15

眉毛 2 條黏於眼睛上方 1cm 處，即完成活潑小紅
帽女孩。

 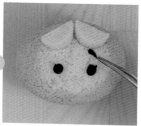

B. 壞壞大野狼

材料 *Ingredients*

【頭、耳朵】

七吋天使模麵糊 30g ＋棕色色膏 3 米粒 →拌勻成棕色麵糊

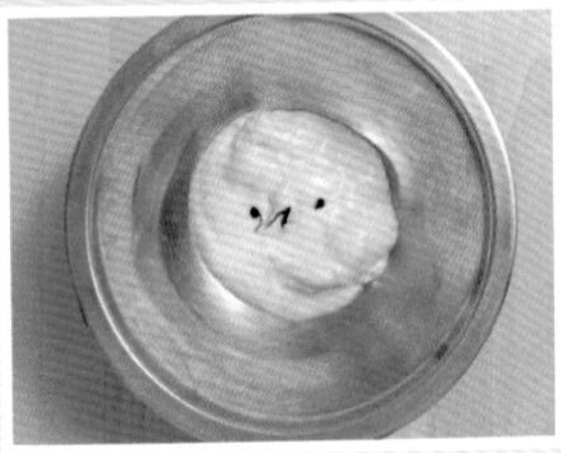

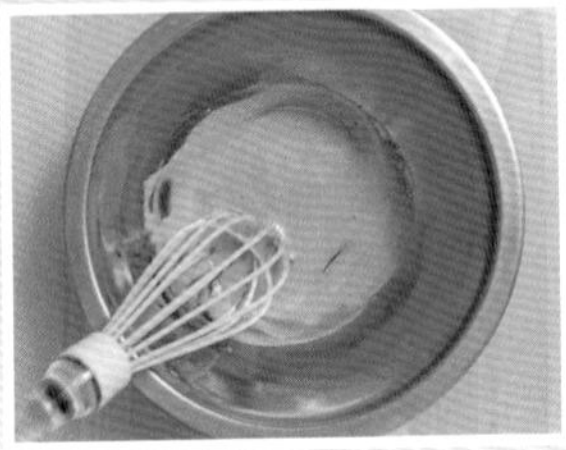

作法 *Step by Step*

烤焙

01

將烤箱預熱上下火 160°C。將拌勻的棕色麵糊裝入套於杯中的三明治袋，袋口並綁緊。

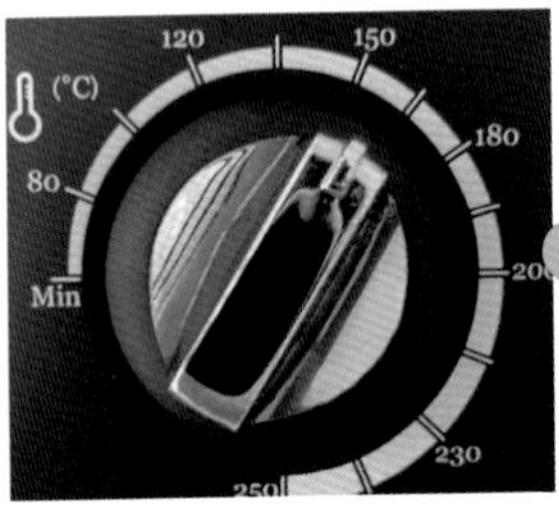

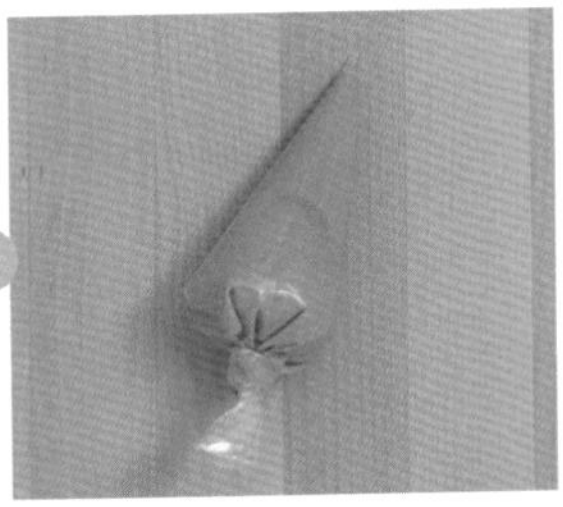

02

棕色麵糊 25g 將蛋殼填滿（頭），剩餘 5g 擠至小油力士紙（耳朵）。

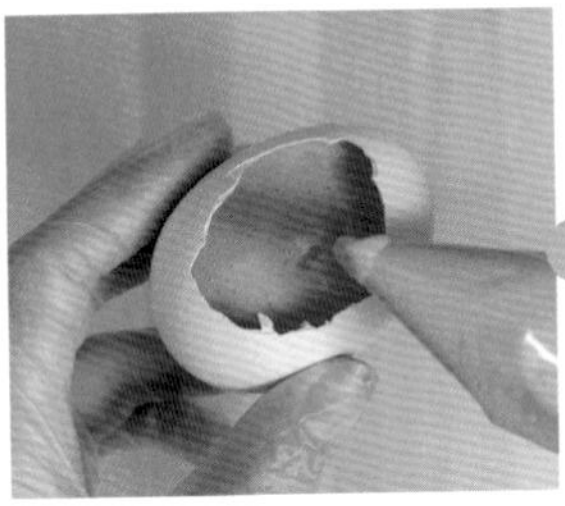

03

蛋殼下方使用鋁箔杯固定，與裝麵糊的油力士紙排入烤盤，放入烤箱中層。

04

使用上下火 160℃ 烤15 分鐘，調降上下火140℃ 烤 5 分鐘，取出油力士紙蛋糕。

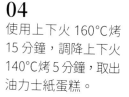

05

取出後輕敲，倒扣於置涼架放涼。使用上下火 140℃ 續烤 5 分鐘，取出蛋殼蛋糕，不用敲卽放涼。

 ▶  ▶

造型

06

取下油力士紙蛋糕片，上下蓋著饅頭紙，使用擀麵棍擀平。蛋殼蛋糕以剪刀修除外露的蛋糕，剝除蛋殼。

 ▶ 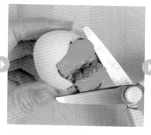 ▶

07

準備壓模 1 個：底 1×高 1cm 三角形。將三角形壓模放在小油力士紙的棕色蛋糕片上，切出 2 片（耳朵）。

 ▶  ▶

08

使用剪刀從頭部尖頭
處剪半至中心點（嘴
巴）。

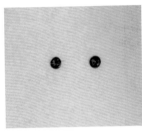

09

融化的黑色巧克力擠
出直徑 0.5 cm 的圓形
2 個（眼睛、鼻子）。

10

融化的黑色巧克力擠出長 0.5cm 的 1/4 圓弧線 1
條（眉毛）。

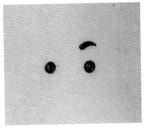

11

融化的白色巧克力擠出 0.1cm 的水滴數個於嘴
巴剪半處（牙齒）。

黏合

12

開始黏合，用融化的白色巧克力將耳朵 2 個黏於
頭上方。

13

眼睛 1 個黏於頭正面
右上方，鼻子 1 個黏
於頭尖頭處，眉毛 1
條黏於眼睛上方 1cm
處，即完成大野狼。

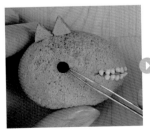  

C. 憨厚小豬

✖ 材料 *Ingredients*

【頭、鼻子、耳朵】

七吋天使模麵糊 35g ＋橘色色膏 1 米粒 →拌勻成膚色麵糊

✖ 作法 *Step by Step*

烤焙

01

將烤箱預熱上下火 160℃。將拌勻的膚色麵糊裝入套於杯中的三明治袋，袋口並綁緊。

02

膚色麵糊 25g 將蛋殼填滿（頭）。

03
膚色麵糊 10g 擠至中油力士紙（鼻子、耳朵）。

04
蛋殼下方使用鋁箔杯固定，與裝麵糊的油力士紙排入烤盤，放入烤箱中層。

05
使用上下火 160°C 烤15 分鐘，調降上下火140°C 烤 5 分鐘，取出油力士紙蛋糕。

06
取出後輕敲，倒扣於置涼架放涼。

07
使用上下火140°C續烤5分鐘，取出蛋殼蛋糕。

08
取出後不敲，放涼。

造型

09
取下油力士紙蛋糕片，上下蓋著饅頭紙，使用擀麵棍擀平。蛋殼蛋糕以剪刀修除外露的蛋糕，剝除蛋殼。

10

準備壓模各 1 個：底 1× 高 1cm 三角形、直徑 1.5cm 橢圓形。

11

將三角形壓模放在中油力士紙的膚色蛋糕片上，切出 2 片（耳朵）。

12

使用橢圓形壓模切出 1 片（鼻子）。

13

融化的黑色巧克力擠出直徑 0.5 cm 的圓形 2 個（眼睛），繼續擠出長 0.5cm 的 1/4 圓弧線 2 條（眉毛）。

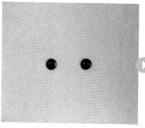 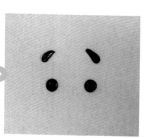

14

接著擠出 0.1cm 的圓形 2 個，於鼻子蛋糕片正面左右（鼻孔）。

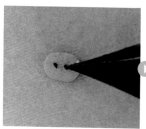 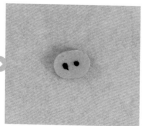

15
開始黏合，用融化的白色巧克力將耳朵 2 個黏於
頭上方。

16
鼻子黏於臉正中央。

17
眼睛 2 個黏於鼻子左
右偏上方。

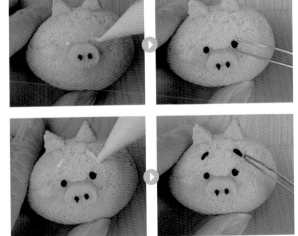

18
眉毛 2 條黏於眼睛上
方 1.5cm 處，即完成
小豬。

D. 鮮豔花朵

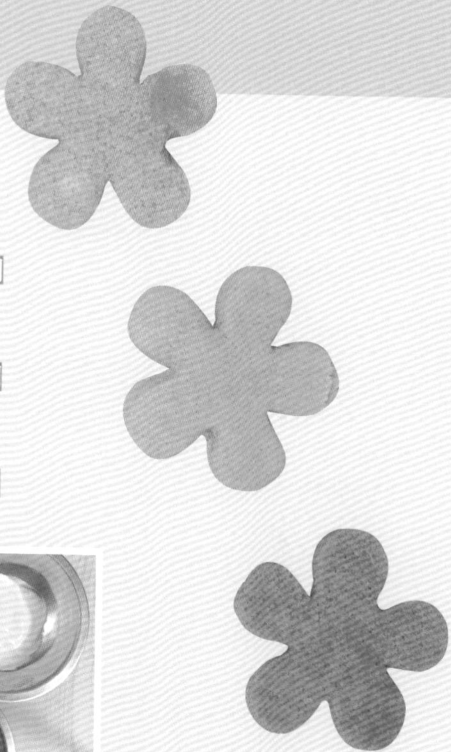

材料 Ingredients

【紅色花朵】

七吋天使模麵糊 15g ＋紅色色膏 3 米粒 →拌勻成紅色麵糊

【黃色花朵】

七吋天使模麵糊 15g ＋黃色色膏 2 米粒 →拌勻成黃色麵糊

【膚色花朵】

七吋天使模麵糊 15g ＋橘色色膏 1 米粒 →拌勻成膚色麵糊

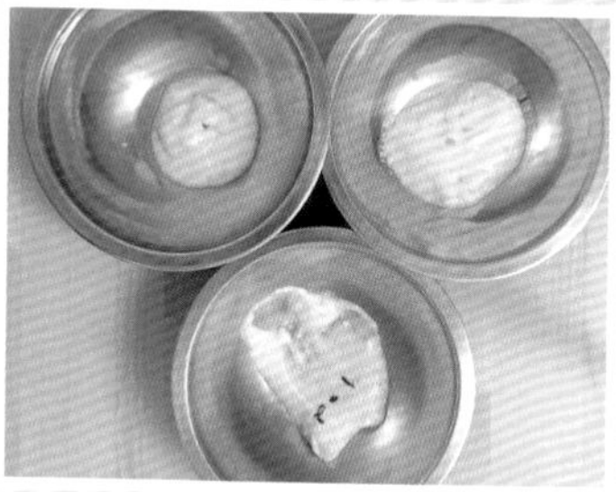

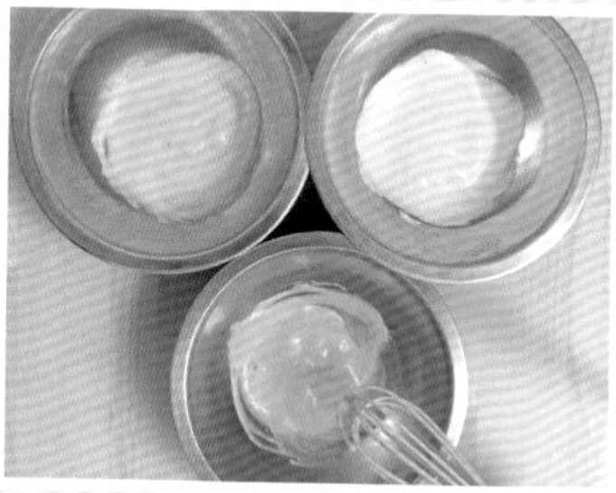

作法 Step by Step

烤焙

01

將烤箱預熱上下火 160°C。將拌勻的各色麵糊裝入套於杯中的三明治袋，袋口並綁緊。

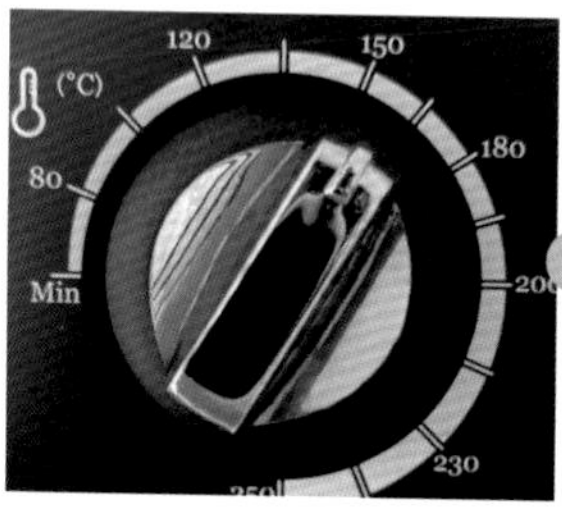

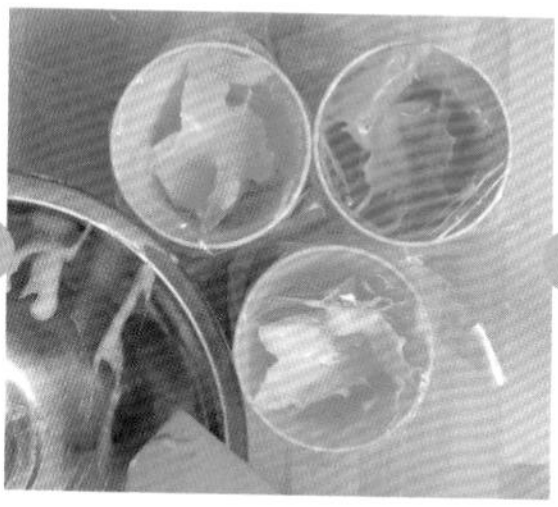

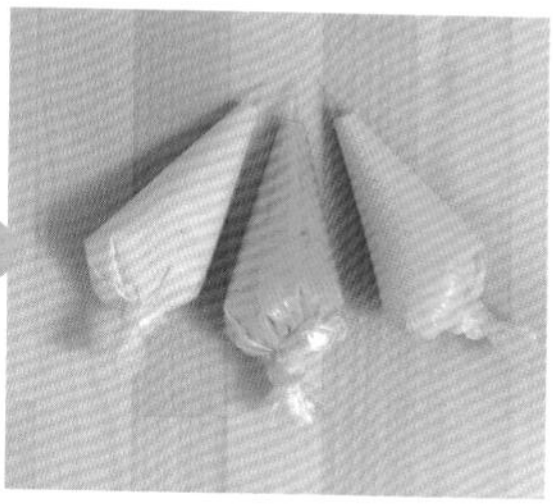

02
紅色麵糊 15g 擠至大
油力士紙（紅花）。

03
黃色麵糊 15g 擠至大
油力士紙（黃花）。

04
膚色麵糊 15g 擠至大
油力士紙（橘花）。

05
所有裝麵糊的油力士
紙排入烤盤，放入烤
箱中層。

06
使用上下火 160°C 烤
15 分鐘，調降上下火
140°C 烤 5 分鐘，取出
油力士紙蛋糕。

07
取出後輕敲，倒扣於
置涼架放涼。

造型

08
放涼後，取下油力士紙蛋糕片，上下蓋著饅頭紙，
使用擀麵棍擀平。

09

準備壓模1個：長3.5×
寬3.5cm 的 5 瓣花朵。
將花朵壓模放在大油
力士紙的紅色蛋糕片
上，切出 2 片。

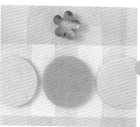  

10

將花朵壓模放在大油力士紙的黃色蛋糕片上，
切出 2 片。

11

將花朵壓模放在大油
力士紙的膚色蛋糕片
上，切出 2 片。

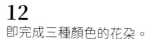 

12

即完成三種顏色的花朵。

E. 棕色柵欄

❈ 材料 *Ingredients*

【柵欄】

七吋天使模麵糊 15g ＋棕色色膏 3 米粒 →拌勻成棕色麵糊

 →

❈ 作法 *Step by Step*

烤焙

01
將烤箱預熱上下火
160℃。將拌勻的棕
色麵糊裝入套於杯中
的三明治袋，袋口並
綁緊。

 →  →

02
將拌勻的棕色麵糊
10g 擠至大油力士紙
（柵欄）。

 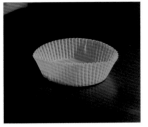

03
將裝麵糊的油力士紙
排入烤盤，放入烤箱
中層。

04

使用上下火 160°C烤
15 分鐘，調降上下火
140°C烤 5 分鐘，取出
油力士紙蛋糕。

05

取出後輕敲，倒扣於
置涼架放涼。

06

取下油力士紙蛋糕片，上下蓋著饅頭紙，
使用擀麵棍擀平。

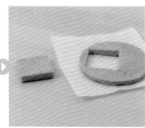

07

準 備 壓 模 1 個： 長
3× 寬 3cm 正方形壓
模。將正方形壓模放
在大油力士紙的棕色
蛋糕片上，切出 1 片。

08

使用剪刀將正方形蛋糕
片剪成長 3× 寬 1cm 長
方形 3 個。

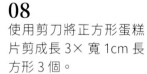

09

將一端修剪成高 0.5cm
的三角形尖頭，共完成
3 個，即是柵欄。

F. 藍天綠地

材料 *Ingredients*

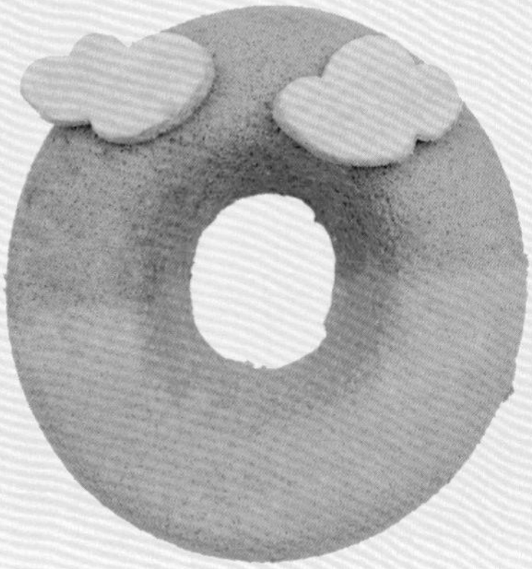

【藍天】

七吋天使模麵糊 180g ＋藍色色膏 10 米粒 →拌勻成藍色麵糊

【綠地】

七吋天使模麵糊 180g ＋綠色色膏 10 米粒 →拌勻成綠色麵糊

【白雲】

七吋天使模麵糊 15g →白色麵糊

作法 *Step by Step*

烤焙

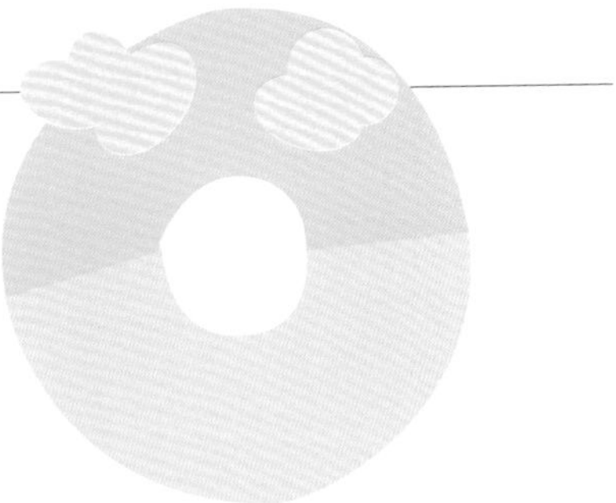

01
烤箱預熱上下火160°C。

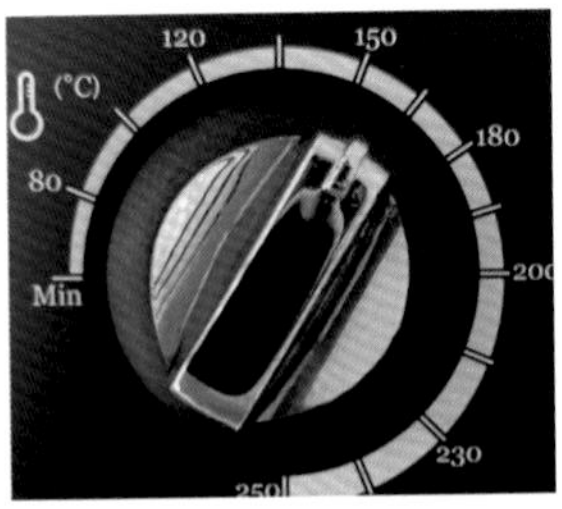

02
將拌勻的各色麵糊裝入套於杯中的三明治袋，袋口並綁緊，過多無法裝袋的藍色、綠色麵糊於調色碗中備用。

03

藍色麵糊 180g、綠色麵糊 180g 各分成 3 份 60g。

04

填上第一份麵糊：藍色麵糊 60g、綠色麵糊 60g 分別擠於模具的最邊緣兩側，勿讓兩色麵糊接觸。

05

使用兩支筷子，1 支攪動藍色麵糊、1 支攪動綠色麵糊，使兩色麵糊相連。

06

將沾有兩色麵糊的兩支筷子靠著，沿著模具內壁往上拉，形成整齊的藍綠色分線。

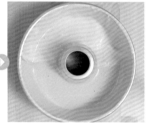

07

以分線為界，使用刮刀將調色碗內藍色、綠色麵糊塗滿一半七吋天使模內壁。

08

填上第二份麵糊：均勻的倒入兩色麵糊於各自的區塊至模具 2/3 的高度。

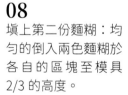

09

填上第三份麵糊：均勻的填滿兩色麵糊於各自的區塊，8 分滿。

10

白色麵糊 15g 擠至大油力士紙（白雲）。將裝麵糊的所有模具排入烤盤，放入烤箱中層。

11
上下火 160°C 烤 15 分鐘，調降上下火 140°C 烤 5 分鐘，取出油力士紙蛋糕，輕敲後倒扣放涼。

12
使用上下火 140°C 續烤 5 分鐘，調降上下火 130°C 烤 10 分鐘，取出天使模蛋糕，輕敲後倒扣放涼。

造型

13
所有蛋糕放涼後，取下油力士紙蛋糕片，上下蓋著饅頭紙，使用擀麵棍擀平。天使模蛋糕用蛋糕刀將表面修飾平整，脫模。

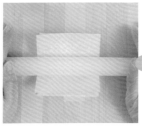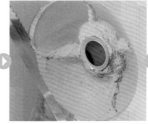

14
將長 6× 寬 4cm 雲朵壓模放在大油力士紙的白色蛋糕片上，切出 2 片（雲朵）。

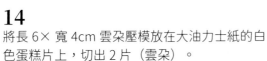

黏合

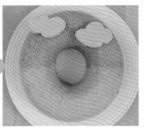

15
開始黏合，用融化的白色巧克力將雲朵 2 個隨意黏於藍天蛋糕處，即完成藍天綠地。

整體組合裝飾

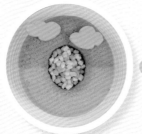

▼
Step
01

將小顆彩色棉花糖倒入七吋天使模中空處，可防止黏合蛋殼蛋糕時不斷掉落。

▼
Step
02

開始黏合，用融化的白色巧克力將大野狼、小紅帽女孩和小豬黏於藍天綠地蛋糕中空處。

▼
Step
03

花朵 6 片隨意黏於藍天綠地蛋糕分線處。

▼
Step
04

柵欄 3 支隨意黏於綠地蛋糕處，森林家族主題完成。

養寵物是許多人的夢想，
尤其是貓特別療癒又可愛，
再配上閃亮的金幣，整個幸運就來臨。
大人說著招財貓的由來，
和孩子們一起做出心中想要的貓咪模樣，
操作簡單又有趣！

幸運招財貓

完成份量

閃亮金幣……1 個
迷你貓爪……1 個
俏皮招財貓……1 隻

裝麵糊模具

小油力士紙……2 個
大油力士紙……1 個
6 吋童夢模……1 個
橫式蛋殼……1 個
＊蛋殼背面開洞方法見 P.32。

蛋糕麵糊量

七吋天使模麵糊……1 份（P.16）

各色巧克力量

融化的白色巧克力……10g
融化的黑色巧克力……10g
融化的白色巧克力 5g ＋粉紅色色膏 1 米粒 →調成粉紅色
＊巧克力調色方法見 P.29。

裝飾配件

字母翻糖矽膠模具……1 組

A. 閃亮金幣

❈ 材料 *Ingredients*

七吋天使模麵糊 5g ＋黃色色膏 2 米粒 →拌勻成黃色麵糊

❈ 作法 *Step by Step*

烤焙

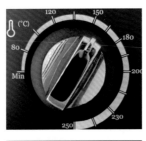

01
烤箱預熱上下火160℃。

02
拌勻的黃色麵糊倒入
小油力士紙。

03
將裝麵糊的油力士紙
排入烤盤，放入烤箱
中層。

04
使用上下火 160℃烤
15 分鐘，調降上下火
140℃烤 5 分鐘，取出
油力士紙蛋糕。

05
取出後輕敲，倒扣於
置涼架放涼。

06
取下油力士紙蛋糕
片，上下蓋著饅頭紙，
使用擀麵棍擀平。

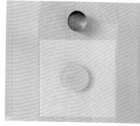

07
準備直徑 2cm 圓形
模 1 個。

08
將圓形壓模放在黃色蛋
糕上，切出 1 片。

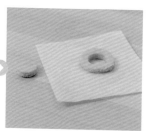

09
融化的白色巧克力擠至字母翻糖矽膠模中的 S
槽中，放入冰箱冷藏 5 分鐘定型，將 S 取下。

10
開始黏合，用融化的
白色巧克力將 S 巧克
力黏於金幣正中央，
即完成金幣。

B. 迷你貓掌

材料 *Ingredients*

七吋天使模麵糊 5g →白色麵糊

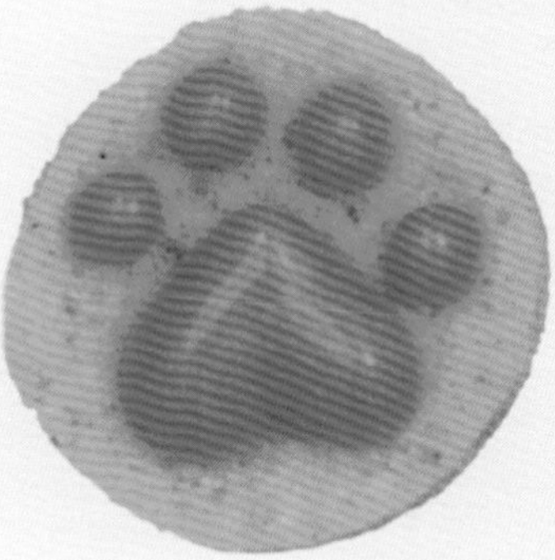

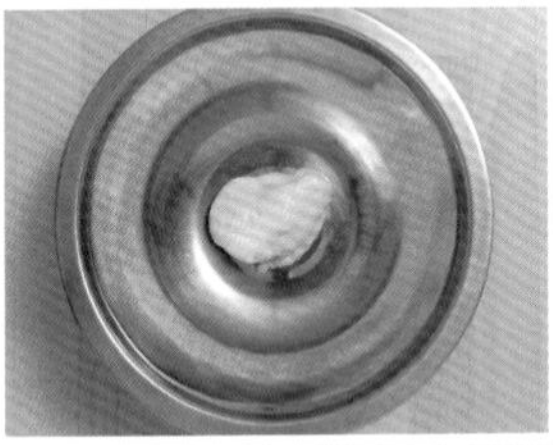

作法 *Step by Step*

烤焙

01
烤箱預熱上下火160°C。

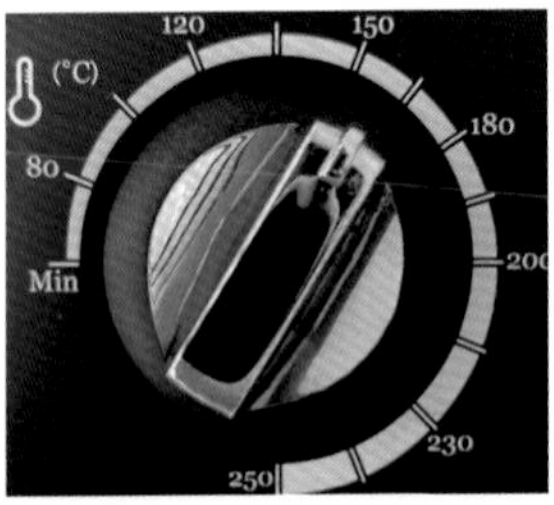

02
將白色麵糊倒入小油力士紙。

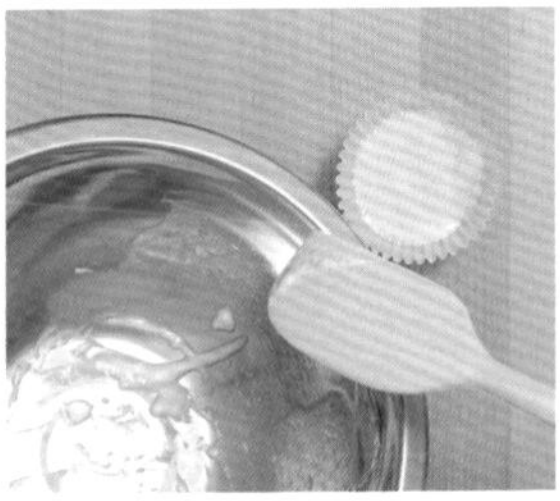

03
將裝麵糊的油力士紙排入烤盤，放入烤箱中層。

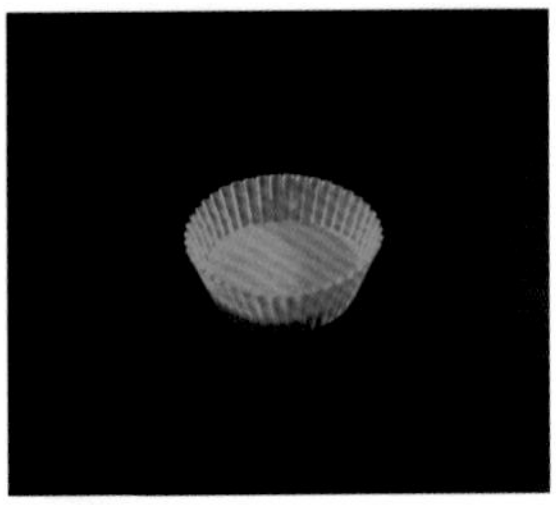

04
使用上下火 160°C烤 15 分鐘，調降上下火 140°C烤 5 分鐘，取出油力士紙蛋糕。

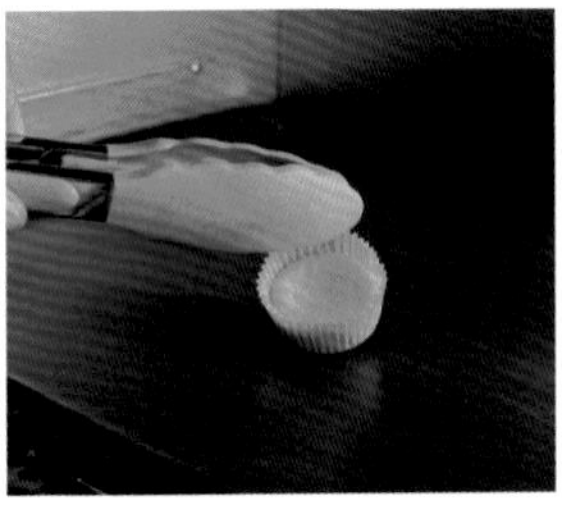

05
取出後輕敲，倒扣於置涼架放涼。

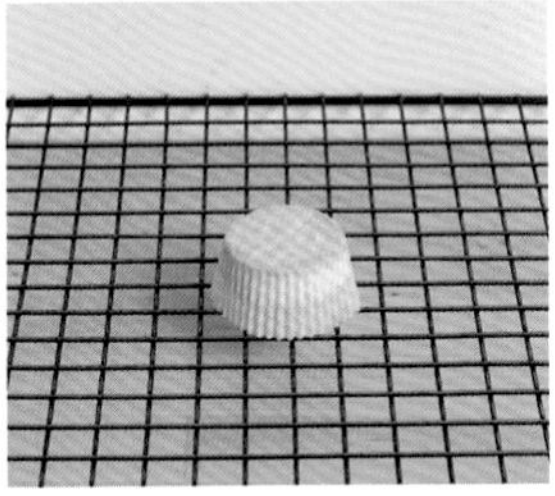

造型

06
取下油力士紙蛋糕片，上下蓋著饅頭紙，使用擀麵棍擀平。

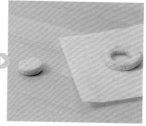

07
準備直徑 2cm 圓形模 1 個。

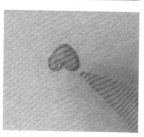

08
將圓形壓模放在黃色蛋糕上，切出 1 片。

09
融化的粉紅色巧克力在饅頭紙上擠出愛心。

黏合

10
開始黏合，用融化的白色巧克力擠在蛋糕片下方位置，將愛心巧克力黏於蛋糕片。

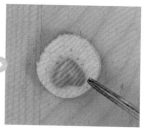

11
融化的粉紅色巧克力擠出直徑 0.5cm 的圓形共 4 個，分散於貓掌蛋糕片上方位置，即完成貓掌。

C. 俏皮招財貓

✲ 材料 *Ingredients*

【全身】

七吋天使模麵糊 350g →白色麵糊

【貓紋】

七吋天使模麵糊 15g ＋橘色色膏 3 米粒 →拌勻成橘色麵糊

七吋天使模麵糊 5g ＋竹炭粉 1 米粒 →拌勻成黑色麵糊

✲ 作法 *Step by Step*

烤焙

01

烤箱預熱上下火160°C。

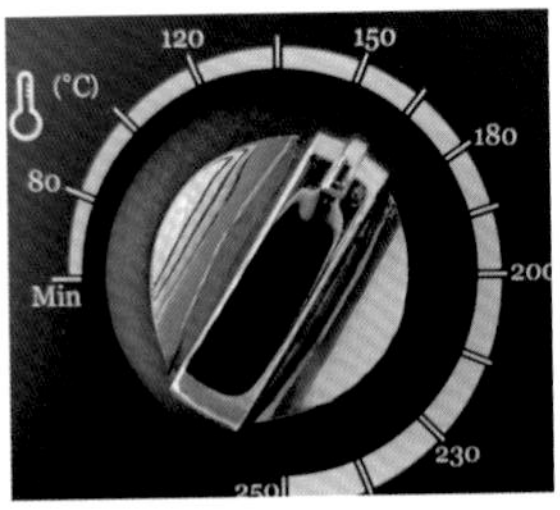

02

取部分白色、橘色、黑色麵糊裝入套於杯中的三明治袋，袋口綁緊。

03

橘色麵糊 10g 擠入 6 吋童夢模右上角，擠出 1 個直徑 5cm 的圓形（貓紋）。

04

白色麵糊 20g 擠於貓紋麵糊外圍，包覆穩固其形狀。

05

將剩餘白色麵糊約 300g 填滿童夢模。

06

白色麵糊 15g 擠至中油力士紙（耳朵）。

07

黑色麵糊 5g 於蛋殼內部右側，擠出直徑 1cm 的圓形（貓紋）。

08

橘色麵糊 5g 擠出直徑 2cm 的圓形於蛋殼內左下角（貓紋）。

09

白色麵糊 15g 將剩餘蛋殼填滿（貓身），將蛋殼放置於鋁箔杯固定。

10
將裝麵糊的所有模具排入烤盤，放入烤箱中層。

11
使用上下火 160°C 烤 15 分鐘，調降上下火 140°C烤 5 分鐘，取出油力士紙蛋糕。

12
取出後輕敲，倒扣於置涼架放涼。

13
上下火 140°C 續烤 5 分鐘，取出蛋殼蛋糕。

14
取出後不敲，開口朝旁放涼。

15
使用上下火 140°C 再續烤 5 分鐘，調降上下火至 130°C 續烤 10 分鐘，取出童夢模蛋糕，輕摔倒扣至放涼。

造型

16
放涼後，取下油力士紙蛋糕片，上下蓋著饅頭紙，使用擀麵棍擀平。

17
蛋殼蛋糕以剪刀修除外露的蛋糕，小心剝除蛋殼。

  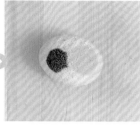

18
童夢模蛋糕用蛋糕刀將表面修飾平整，蛋糕脫模。

19
準備愛心壓模 1 個：長 3.5× 寬 3.5cm。

20
將愛心壓模放在油力士紙的白色蛋糕片上，切出 2 片（耳朵）。

21
將融化的粉紅色巧克力擠出寬 1cm 的倒三角形 1 個（鼻子）。

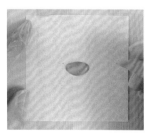 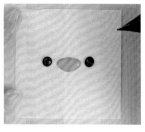

22
融化的黑色巧克力擠出直徑 1cm 的圓 2 個（眼睛）。

23
融化的黑色巧克力擠出長 1cm 的 1/4 圓弧線 2 條（眉毛）。

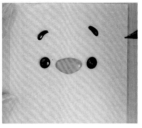

24
接著擠出長 1cm 的 1/2 圓弧線 2 條（嘴巴）。

25
繼續擠出 1cm 的直線 4 條（鬍鬚）。

黏合

26
開始黏合，用融化的白色巧克力將耳朵 2 個黏於頭上方左右。

27
鼻子與嘴巴 1 組黏於頭正中央。

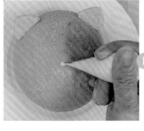 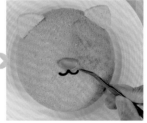

 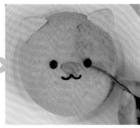

28
眼睛 2 個黏於鼻子上方的左右。

29
眉毛 2 條黏於眼睛上方
3.5cm 處。

30
觸鬚 4 條黏於頭正面
左右兩側。

 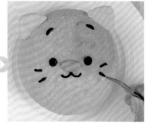

31
身體黏於頭部下方，
即完成招財貓。

整體組合裝飾

Step
01
將金幣黏於左側。

Step
02
將貓掌黏於右側。

Step
03
幸運招財貓主題完成。

甜甜圈是每個人的童年甜點，
把它做成色彩繽紛又有十二生肖的卡通造型圖案，
還可帶著小朋友一起動手做，
認識所有東方吉祥物，
增廣見聞又能發揮動物的表情創意！

十二生肖相見歡

完成份量

聰明如鼠……1 個
憨憨乳牛……1 個
威武老虎……1 個
溫柔兔子……1 個
福氣神龍……1 個
靈活蛇影……1 個
俊俏小馬……1 個
活潑山羊……1 個
頑皮猴子……1 個
超萌小雞……1 個
忠誠狗狗……1 個
貪吃小豬……1 個

裝麵糊模具

甜甜圈模具……12 個
小油力士紙……11 個

蛋糕麵糊量

七吋天使模麵糊……0.5 份（P.16）

各色巧克力量

融化的白色巧克力 20g
融化的黑色巧克力 20g
融化的白色巧克力 5g ＋橘色色膏 1 米粒 →調成膚色
融化的白色巧克力 5g ＋粉紅色色膏 1 米粒 →調成粉紅色
＊巧克力調色方法見 P.29。

A. 聰明如鼠

❀ 材料 *Ingredients*

【全身、耳朵】

七吋天使模麵糊 25g ＋竹炭粉 1 米粒 →拌勻成灰色麵糊

❀ 作法 *Step by Step*

烤焙

01
將烤箱預熱上下火 160℃。將拌勻的灰色麵糊裝入套於杯中的三明治袋，袋口並綁緊。

02
灰色麵糊 20g 擠至甜甜圈模具內（全身），剩餘 5g 擠至小油力士紙（耳朵）。

03
將裝麵糊的甜甜圈模與油力士紙排入烤盤，放入烤箱中層。

04
使用上下火 160°C 烤 10 分鐘，調降上下火 140°C 烤 10 分鐘，取出所有模具，輕敲後倒扣放涼。

造型

05
所有蛋糕放涼後，甜甜圈蛋糕脫模，取下油力士紙蛋糕片，上下蓋著饅頭紙，使用擀麵棍擀平。

06
準備壓模 1 個：直徑 1cm 圓形。將壓模放在小油力士紙的灰色蛋糕片上，切出 2 片（耳朵）。

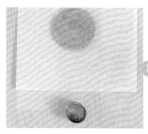

07
融化的白色巧克力擠出直徑 1cm 的圓形（鼻頭）。

08

融化的黑色巧克力擠出直徑 0.3 cm 的圓形 2 個（眼睛）。

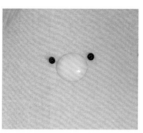 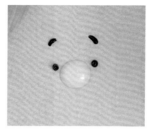

09

接著擠出長 0.3cm 的 1/4 圓弧線 2 條（眉毛）。

10

繼續擠出直徑 0.5 cm 的圓形 1 個（鼻子），於鼻頭左右兩側再擠出 0.3cm 的長條各 2 條，共 4 條（鬍鬚）。

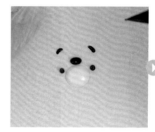 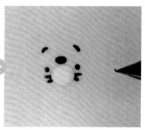

黏合

11

開始黏合，用融化的白色巧克力將耳朵 2 片黏於頭上方左右。

12

鼻頭與鬍子 1 組黏於上緣下方處。

 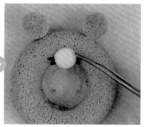

13
鼻子 1 個黏於鼻頭正
面上方。

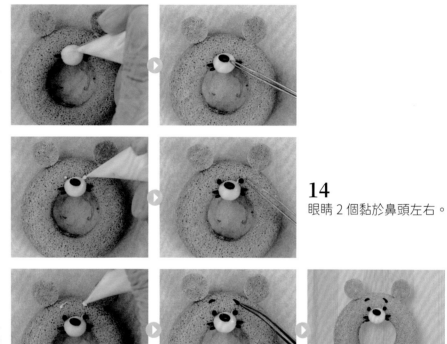

14
眼睛 2 個黏於鼻頭左右。

15
眉毛 2 條黏於眼睛上
方 0.3cm 處，即 完
成鼠。

B. 憨憨乳牛

✤ 材料 *Ingredients*

【全身、耳朵】
七吋天使模麵糊 20g →白色麵糊

【斑點】
七吋天使模麵糊 5g ＋竹炭粉 2 米粒 →拌勻成黑色麵糊

✤ 作法 *Step by Step*

烤焙

01
將烤箱預熱上下火 160℃。將拌勻的各色麵糊裝入套於杯中的三明治袋，袋口並綁緊。

02
黑色麵糊 5g 擠出大、中、小圓形各 1 個不規則狀於甜甜圈模具（斑點），以 15g 白色麵糊包覆穩固其形狀。

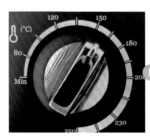  

03
白色麵糊繼續將甜甜圈模具填滿（全身）。

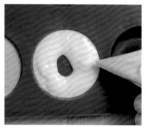

04
剩餘麵糊 5g 擠至小油力士紙（耳朵）。

05
將裝麵糊的甜甜圈模與油力士紙排入烤盤，放入烤箱中層。

06
使用上下火 160°C烤10 分鐘，調降上下火140°C烤10分鐘，取出所有模具，輕敲後倒扣放涼。

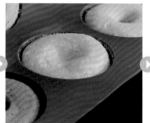

造型

07
所有蛋糕放涼後，甜甜圈蛋糕脫模，取下油力士紙蛋糕片，上下蓋著饅頭紙，使用擀麵棍擀平。

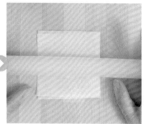

08

準備壓模1個：長1×
寬0.5cm 橢圓形。將
壓模放在小油力士紙
的白色蛋糕片上，切
出1片。

  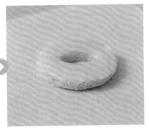

09

剪半得到半圓2個
（耳朵）。

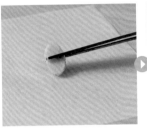 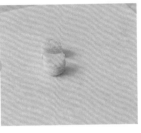

10

融化的膚色巧克力擠出直徑1cm 的圓形（鼻
頭），接著擠出高0.5cm 的三角形2個（牛角）。

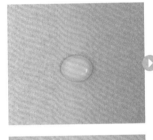 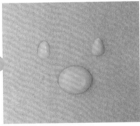

 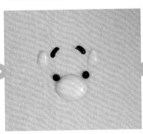 

11

融化的黑色巧克力擠出直徑0.3 cm 的圓形2個（眼睛），接著擠出長0.3cm 的
1/4圓弧線2條（眉毛），繼續擠出直徑0.1 cm 的圓形2個，於鼻頭正面左右（鼻
孔）。

12
開始黏合，用融化的白色巧克力將耳朵 2 片黏於頭上方左右。

13
牛角 2 個黏於耳朵內側。

14
鼻頭 1 個黏於上緣下方處。

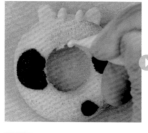 

15
眼睛 2 個黏於鼻頭左右。

16
眉毛 2 條黏於眼睛上方 0.3cm 處，即完成牛。

C. 威武老虎

❋ 材料 *Ingredients*

【全身、耳朵】

七吋天使模麵糊 25g ＋黃色色膏 1 米粒 →拌勻成黃色麵糊

❋ 作法 *Step by Step*

烤焙

01
將烤箱預熱上下火160℃。將拌勻的黃色麵糊裝入套於杯中的三明治袋，袋口並綁緊。

02
黃色麵糊 20g 擠至甜甜圈模具內（全身），剩餘 5g 擠至小油力士紙（耳朵）。

03
將裝麵糊的甜甜圈模與油力士紙排入烤盤,放入烤箱中層。

04
使用上下火 160℃烤
10 分鐘,調降上下火
140℃烤10分鐘,取
出所有模具。

05
取出後輕敲,倒扣於
置涼架放涼。

造型

06
所有蛋糕放涼後,甜甜圈蛋糕脫模,取下油力
士紙蛋糕片,上下蓋著饅頭紙,使用擀麵棍擀
平。

07
準備壓模 1 個:直徑
0.5cm 圓形。將圓形
壓模放在小油力士紙
的黃色蛋糕片上,切
出 2 片(耳朵)。

08
融化的白色巧克力擠出直徑 1cm 的圓形(鼻
頭)。

09
融化的黑色巧克力擠
出直徑 0.3 cm 的圓形
2 個（眼睛）。

10
接著擠出長 0.3cm 的
1/4 圓弧線 2 條（眉
毛）。

11
繼續擠出直徑 0.3 cm
的圓形 1 個（鼻子）。

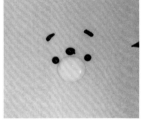

12
在鼻頭左右擠出 0.3cm
的長條各 2 條，共 4
條（鬍鬚）。

13
融化的黑色巧克力擠
出橫跨身體的數字 3
於身體下緣（斑紋）。

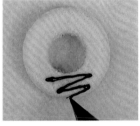

14
接著擠出 0.3cm 的長
條於頭上方左中右，
共 3 條（斑紋）。

黏合

15
開始黏合，用融化的白色巧克力將耳朵 2 片黏於
頭上方左右。

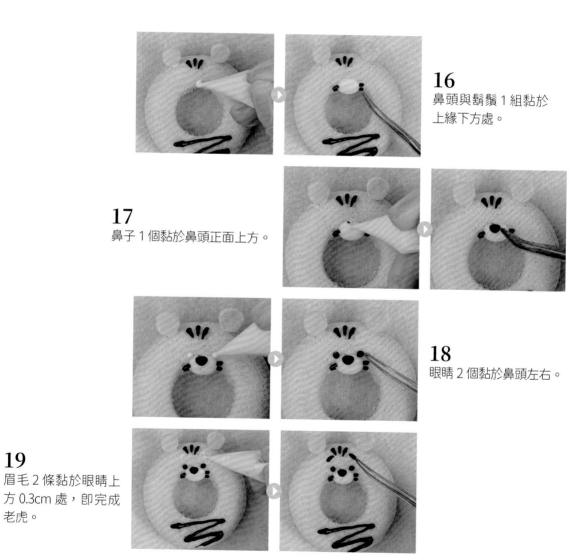

16
鼻頭與鬍鬚 1 組黏於
上緣下方處。

17
鼻子 1 個黏於鼻頭正面上方。

18
眼睛 2 個黏於鼻頭左右。

19
眉毛 2 條黏於眼睛上
方 0.3cm 處，即完成
老虎。

D. 溫柔兔子

❊ 材料 *Ingredients*

【全身、耳朵】

七吋天使模麵糊 25g ＋紅色色膏 1 米粒 →拌勻成粉紅色麵糊

❊ 作法 *Step by Step*

> 烤焙

01

將烤箱預熱上下火 160℃。將拌勻的粉紅色麵糊裝入套於杯中的三明治袋 3-105，袋口並綁緊。

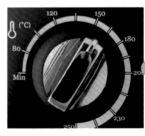  

02

粉紅色麵糊 20g 擠至甜甜圈模具內（全身），剩餘 5g 擠至小油力士紙（耳朵）。

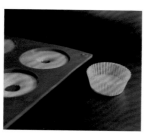

03
將裝麵糊的甜甜圈模與油力士紙排入烤盤，放入烤箱中層。

04
使用上下火 160°C 烤 10 分鐘，調降上下火 140°C 烤 10 分鐘，取出所有模具。

05
取出後輕敲，倒扣於置涼架放涼。

造型

06
所有蛋糕放涼後，甜甜圈蛋糕脫模，取下油力士紙蛋糕片，上下蓋著饅頭紙，使用擀麵棍擀平。

07
準備壓模1個：長1.5×寬 0.5cm 橢圓形。將壓模放在小油力士紙的粉紅色蛋糕片上，切出 2 片（耳朵）。

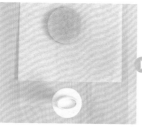

08
融化的黑色巧克力擠出直徑 0.3 cm 的圓形 2 個（眼睛）。

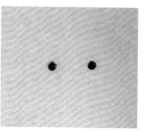

09

融化的黑色巧克力擠出長 0.3cm 的 1/4 圓弧線 2 條（眉毛）。

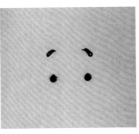

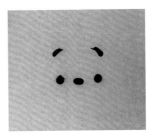

10

接著擠出直徑 0.4 cm 的圓形1個（鼻子）。

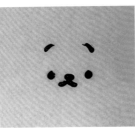

11

繼續擠出 0.3cm 的 1/2 圓弧線 2 條，於鼻子下方（嘴巴）。

12

開始黏合，用融化的白色巧克力將耳朵 2 片黏於頭上方左右。

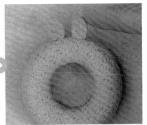

13

鼻子與嘴巴1組黏於上緣下方處。

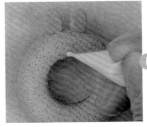

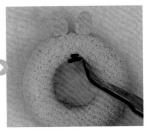

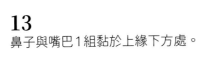

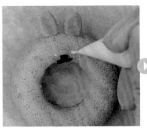 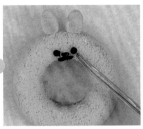

14
眼睛 2 個黏於鼻子上
方左右。

15
眉毛 2 條黏於眼睛上方 0.3cm 處，即完成兔。

 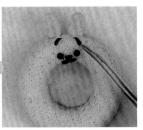

快來做一款屬於你
的吉祥生肖吧！

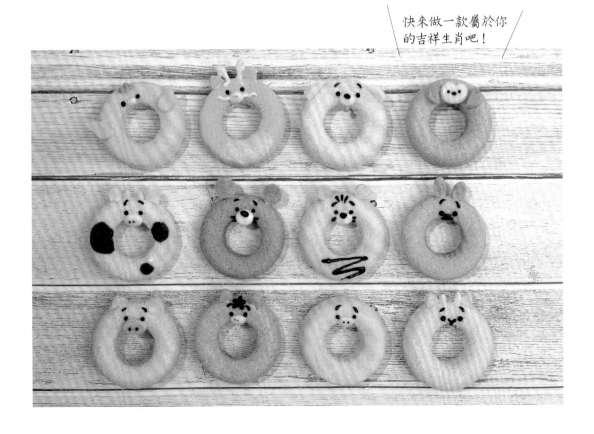

E. 福氣神龍

材料 *Ingredients*

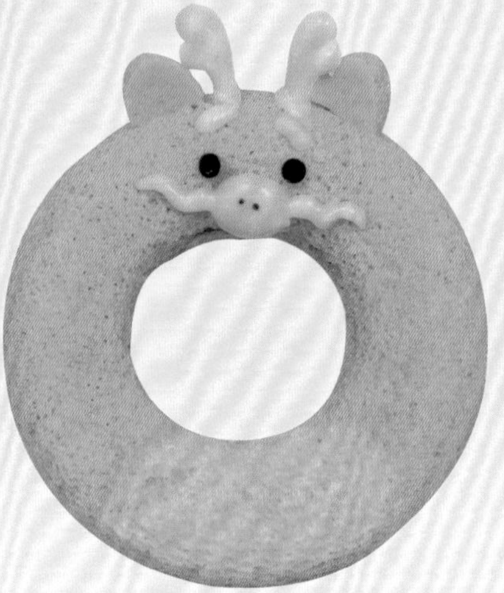

【全身、耳朵】

七吋天使模麵糊 20g ＋藍色色膏 2 米粒 →拌勻成藍色麵糊

【肚皮】

七吋天使模麵糊 5g →白色麵糊

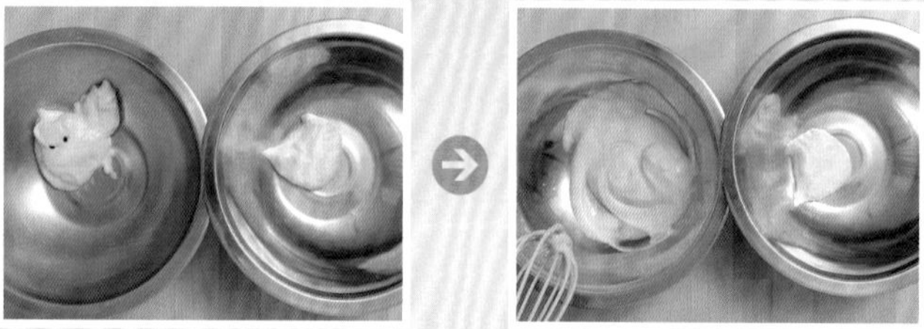

作法 *Step by Step*

烤焙

01

將烤箱預熱上下火 160°C。將拌勻的各色麵糊裝入套於杯中的三明治袋，袋口並綁緊。

02

白色麵糊 5g 擠出半圓形於甜甜圈模下方（肚皮）。

03
藍色麵糊 15g 將甜甜圈模具填滿（全身）。

04
剩餘 5g 擠至小油力士紙（耳朵）。

05
將裝麵糊的甜甜圈模與油力士紙排入烤盤，放入烤箱中層。

06
使用上下火 160°C 烤10 分鐘，調降上下火140°C 烤10分鐘，取出所有模具，輕敲後倒扣放涼。

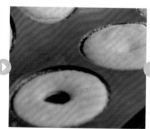

造型

07
所有蛋糕放涼後，甜甜圈蛋糕脫模，取下油力士紙蛋糕片，上下蓋著饅頭紙，使用擀麵棍擀平。

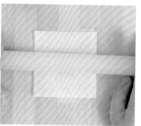

08
將長 1× 寬 0.5cm 橢圓形壓模放在小油力士紙的藍色蛋糕片上，切出 1 片。

09
剪半得到半圓 2 個（耳朵）。

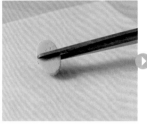 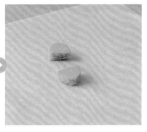

10
融化的膚色巧克力擠出長 0.5cm 的 F 形（龍角）。

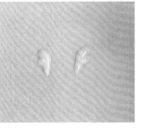

11
接著擠出直徑 1cm 的圓形（鼻頭）。

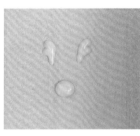

12
融化的白色巧克力於鼻頭左右擠出 0.5cm 的 S 形各 1 條（鬍鬚）。

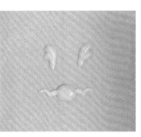

13
融化的黑色巧克力擠出直徑 0.3 cm 的圓形 2 個（眼睛）。

14
黑色巧克力接著擠出直徑 0.1 cm 的圓形 2 個於鼻頭正面左右（鼻孔）。

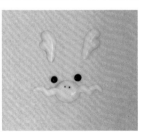

15
融化的白色巧克力擠出長 0.3cm 的 1/4 圓弧線 2 條（眉毛）。

黏合

16
開始黏合，用融化的
白色巧克力將耳朵 2
片黏於頭上方左右。

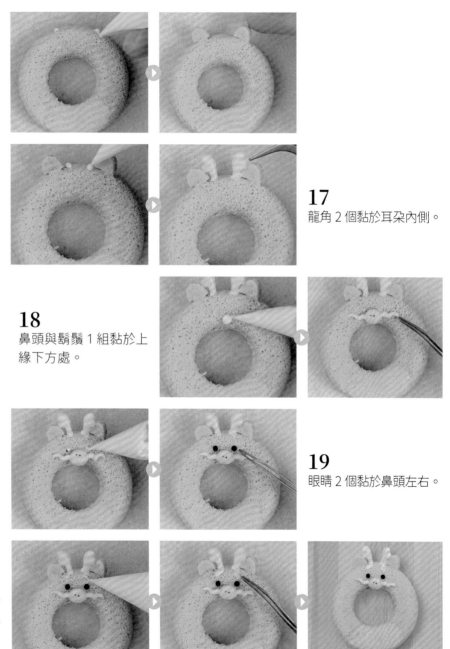

17
龍角 2 個黏於耳朵內側。

18
鼻頭與鬍鬚 1 組黏於上
緣下方處。

19
眼睛 2 個黏於鼻頭左右。

20
眉毛 2 條黏於眼睛上方
0.3cm 處，即完成龍。

F. 靈活蛇影

❈ 材料 *Ingredients*

【全身】

七吋天使模麵糊 15g ＋綠色色膏色 2 米粒 →拌勻成綠色麵糊

【肚皮】

七吋天使模麵糊 5g →白色麵糊

❈ 作法 *Step by Step*

> **烤焙**

01

將烤箱預熱上下火 160℃。將拌勻的各色麵糊裝入套於杯中的三明治袋，袋口並綁緊。

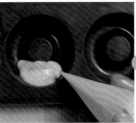

02

白色麵糊 5g 擠出半圓形於甜甜圈模下方（肚皮）。綠色麵糊 15g 將甜甜圈模具填滿（全身）。

03
將裝麵糊的甜甜圈模排入烤盤，放入烤箱中層。

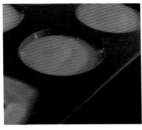
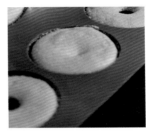

04
使用上下火 160℃烤10 分鐘，調降上下火140℃烤10分鐘，取出所有模具。

05
取出後輕敲，倒扣於置涼架放涼，甜甜圈蛋糕脫模。

造型

06
融化的膚色巧克力擠出直徑 1cm 的圓形（鼻頭）。

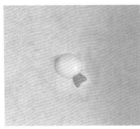

07
融化的粉紅色巧克力擠出 0.5cm 的 V 形1 條於鼻頭下方（舌頭）。

08
融化的黑色巧克力擠出直徑 0.3 cm 的圓形2 個（眼睛）。

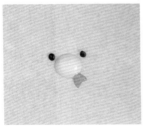

09

黑色巧克力繼續擠出
長 0.3cm 的 1/4 圓
弧線 2 條（眉毛）。

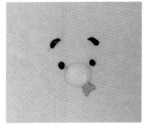

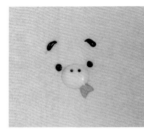

10

接著擠出直徑 0.1
cm 的圓形 2 個，於
鼻頭正面左右（鼻
孔）。

黏合

11

開始黏合，用融化的
白色巧克力將鼻頭與
舌頭黏於上緣下方處。

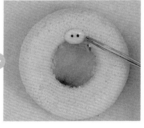

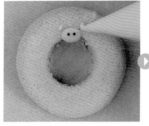

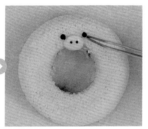

12

眼睛 2 個黏於鼻頭左右。

13

眉毛2條黏於眼睛上方
0.3cm 處，即完成蛇。

G. 俊俏小馬

✤ 材料 *Ingredients*

【全身、耳朵】
七吋天使模麵糊 25g ＋棕色色膏 3 米粒 →拌勻成棕色麵糊

✤ 作法 *Step by Step*

烤焙

01
將烤箱預熱上下火
160℃。將拌勻的棕
色麵糊裝入套於杯中
的三明治袋，袋口並
綁緊。

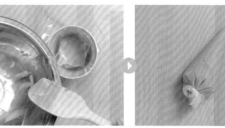

02
棕色麵糊 20g 擠至甜甜圈模具內（全身），剩餘 5g 擠至小油力士紙（耳朵）。
將裝麵糊的甜甜圈模與油力士紙排入烤盤，放入烤箱中層。

03
使用上下火 160℃ 烤 10 分鐘,調降上下火 140℃ 烤10 分鐘,取出所有模具。

04
取出後輕敲,倒扣於置涼架放涼。

造型

05
所有蛋糕放涼後,甜甜圈蛋糕脫模,取下油力士紙蛋糕片,上下蓋著饅頭紙,使用擀麵棍擀平蛋糕。

06
將長 1× 寬 0.5cm 橢圓形壓模放在小油力士紙的棕色蛋糕片上,切出 2 片(耳朵)。

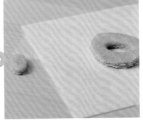

07
融化的膚色巧克力擠出直徑 1cm 的圓形(鼻頭)。

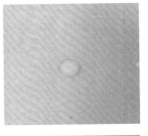

08
融化的黑色巧克力擠出 0.5cm 的花形(頭髮)。

09
接著擠出直徑 0.3 cm 的圓形 2 個(眼睛)。

10
繼續擠出長 0.3cm 的 1/4 圓弧線 2 條(眉毛)。

11
融化的黑色巧克力擠出直徑 0.1 cm 的圓形 2 個,於鼻頭正面左右(鼻孔)。

黏合

12
開始黏合,用融化的
白色巧克力將頭髮黏
於頭正面上方。

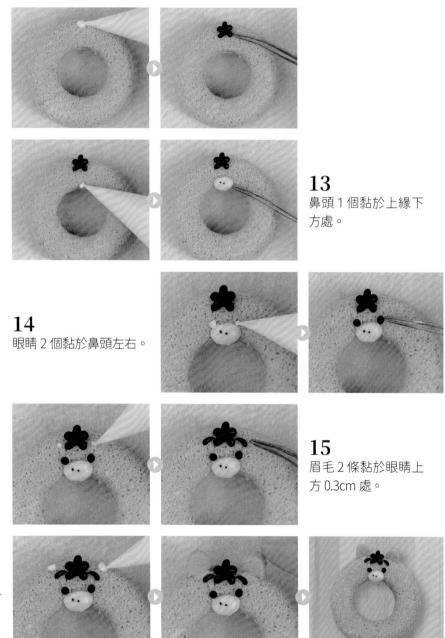

13
鼻頭1個黏於上緣下
方處。

14
眼睛2個黏於鼻頭左右。

15
眉毛2條黏於眼睛上
方0.3cm處。

16
耳朵2片黏於頭上方
左右,即完成馬。

H. 活潑山羊

❈ 材料 *Ingredients*

【全身、耳朵】
七吋天使模麵糊 25g →白色麵糊

❈ 作法 *Step by Step*

> **烤焙**

01
將烤箱預熱上下火
160℃。將白色麵糊
裝入套於杯中的三明
治袋，袋口並綁緊。

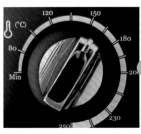

02
白色麵糊 20g 擠至甜甜圈模具內（全身）。

03
剩餘麵糊 5g 擠至小
油力士紙（耳朵）。

04
將裝麵糊的甜甜圈模
與油力士紙排入烤
盤，放入烤箱中層。

05
使用上下火 160°C 烤
10 分鐘，調降上下火
140°C 烤 10 分鐘，取
出所有模具。

06
取出後輕敲，倒扣於
置涼架放涼。

造型

07
甜甜圈蛋糕脫模，取下油力士紙蛋糕片，上下
蓋著饅頭紙，使用擀麵棍擀平。

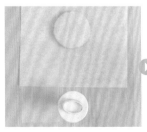

08
準備壓模 1 個：長 1×
寬 0.5cm 橢圓形。將
壓模放在小油力士紙
的白色蛋糕片上，切
出 1 片。

09
剪半得到半圓 2 片（耳朵）。

 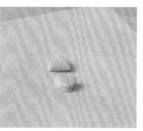

10
融化的膚色巧克力擠
出長 0.5cm 的三角形
（羊角）。

 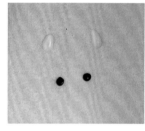

11
融化的黑色巧克力擠
出直徑 0.3 cm 的圓形
2 個（眼睛）。

12
繼續擠出直徑 0.3 cm
的 Y 形 1 個（鼻子、
嘴巴）。

13
融化的黑色巧克力擠
出長 0.3cm 的 1/4 圓
弧線 2 條（眉毛）。

黏合

14
開始黏合，用融化的
白色巧克力將耳朵 2
片黏於頭上方左右。

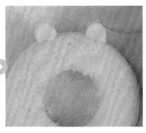

15
羊角 2 個黏於耳朵內
側，鼻頭與嘴巴 1 個
黏於上緣下方處。

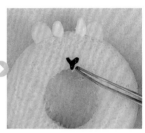

16
眼睛 2 個黏於鼻子左右
兩側。

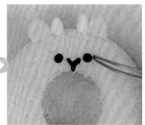

17
眉毛 2 條黏於眼睛上方
0.3cm 處，即完成羊。

I. 頑皮猴子

※ **材料** *Ingredients*

【全身、耳朵】
七吋天使模麵糊 25g ＋棕色色膏 2 米粒 →拌勻成棕色麵糊

※ **作法** *Step by Step*

烤焙

01
將烤箱預熱上下火
160℃。將棕色麵糊
裝入套於杯中的三明
治袋，袋口並綁緊。

02
棕色麵糊 20g 擠至甜甜圈模具內（全身）。

03
剩餘麵糊 5g 擠至小
油力士紙（耳朵）。

04
將裝麵糊的甜甜圈模
與油力士紙排入烤
盤，放入烤箱中層。

05
使用上下火 160°C 烤
10 分鐘，調降上下火
140°C 烤10分鐘，取
出所有模具。

06
取出後輕敲，倒扣於
置涼架放涼。

造型

07
所有蛋糕放涼後，甜甜圈蛋糕脫模，取下油力士
紙蛋糕片，上下蓋著饅頭紙，使用擀麵棍擀平。

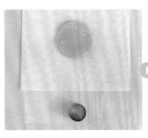

08
準備壓模 1 個：直徑
1cm 的圓形。將圓形
壓模放在小油力士紙
的棕色蛋糕片上，切
出1片。

09

蛋糕剪半得到半圓 2 片（耳朵）。

10

融化的膚色巧克力擠出長寬 1cm 的鈍頭愛心（臉）。

11

融化的黑色巧克力於愛心臉上擠出直徑 0.3 cm 的圓形 1 個（鼻子），左右擠出直徑 0.2 cm 的圓形 2 個（眼睛）。

黏合

12

開始黏合，用融化的白色巧克力將鼻子、眼睛黏於上緣下方處。

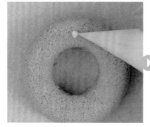 

13

耳朵 2 個黏於頭左右，即完成猴。

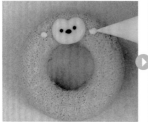  

J. 超萌小雞

❈ 材料 *Ingredients*

【全身、翅膀】

七吋天使模麵糊 25g ＋黃色色膏 2 米粒 →拌勻成黃色麵糊

❈ 作法 *Step by Step*

> 烤焙

01
將烤箱預熱上下火
160℃。將黃色麵糊
裝入套於杯中的三明
治袋，袋口並綁緊。

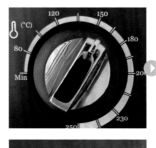

02
黃色麵糊 20g 擠至甜
甜圈模具內（全身），
剩餘 5g 擠至小油力
士紙（翅膀）。

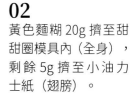

03

將裝麵糊的甜甜圈模
與油力士紙排入烤
盤，放入烤箱中層。

04

使用上下火 160℃烤
10 分鐘，調降上下火
140℃烤 10分鐘，取出
所有模具。

05

取出後輕敲，倒扣於
置涼架放涼。

造型

06

所有蛋糕放涼後，甜
甜圈蛋糕脫模，取下
油力士紙蛋糕片，上
下蓋著饅頭紙，使用
擀麵棍擀平。

07

將長 2× 寬 1cm 水滴
形壓模放在小油力士
紙的黃色蛋糕片上，
切出 2 片（翅膀）。

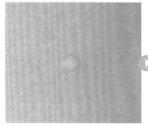

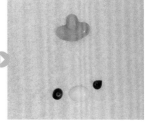

08

融化的膚色巧克力擠出寬 1cm 的橢圓形（嘴巴），融化的粉紅色巧克力擠出 3
瓣（雞冠），融化的黑色巧克力擠出直徑 0.3 cm 的圓形 2 個（眼睛）。

黏合

09
開始黏合，用融化的白色巧克力將雞冠黏於頭上方。

 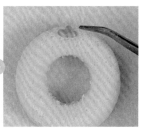

10
翅膀黏於身體左右。

11
嘴巴黏於上正面下方。

12
眼睛 2 個黏於嘴巴上方左右，即完成雞。

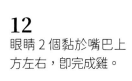 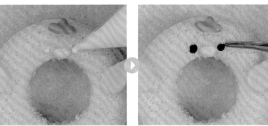 

K. 忠誠狗狗

材料 *Ingredients*

【全身、耳朵】

七吋天使模麵糊 25g →白色麵糊

作法 *Step by Step*

烤焙

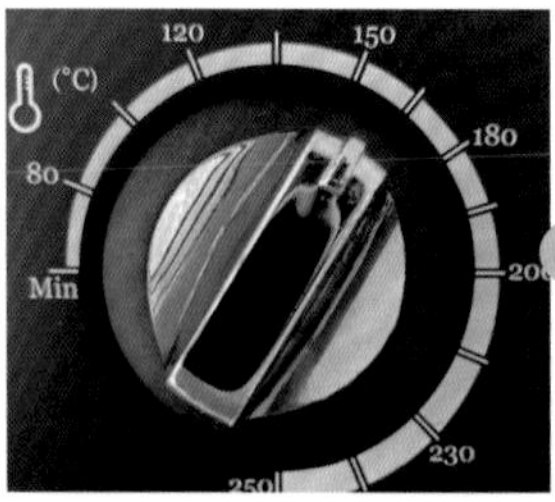

01
將烤箱預熱上下火160°C。將白色麵糊裝入套於杯中的三明治袋，袋口並綁緊。

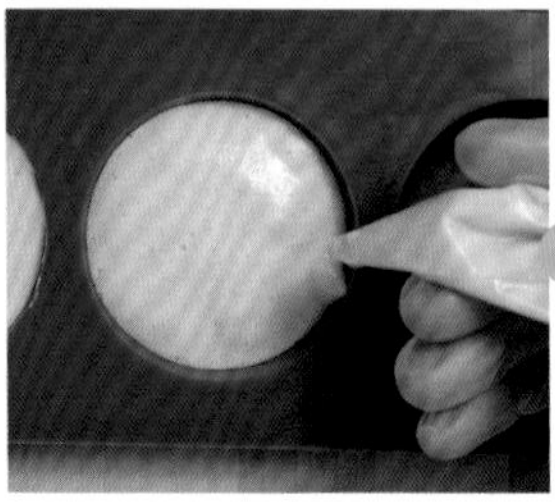

02
白色麵糊 20g 擠至甜甜圈模具內（全身），剩餘 5g 擠至小油力士紙（耳朵）。

03
將裝麵糊的甜甜圈模與油力士紙排入烤盤，放入烤箱中層。

04
使用上下火160°C烤10分鐘，調降上下火140°C烤10分鐘，取出所有模具。

05
取出後輕敲，倒扣於置涼架放涼。

造型

06
所有蛋糕放涼後，甜甜圈蛋糕脫模，取下油力士紙蛋糕片，上下蓋著饅頭紙，使用擀麵棍擀平。

07
準備壓模1個：長1×寬0.5cm橢圓形。將壓模放在小油力士紙的白色蛋糕片上，切出1片。

 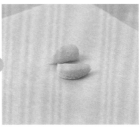

08
斜對角剪半得到半圓2片（耳朵）。

09
融化的膚色巧克力擠出直徑1cm的圓形（鼻頭）。

10
融化的粉紅色巧克力
擠出 0.5cm 的橢圓形
1 個於鼻頭下方（舌
頭）。

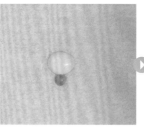

11
融化的黑色巧克力擠
出直徑 0.3 cm 的圓形
2 個（眼睛）。

12
接著擠出長 0.3cm 的
1/4圓弧線2條（眉毛）。

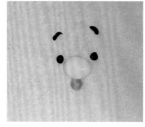

13
繼續擠出直徑 0.3cm
的圓形 1 個，於鼻頭
正面上方（鼻子）。

黏合

14
開始黏合，用融化的
白色巧克力將耳朵黏
合在頭上方左右側。

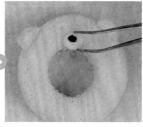

15
鼻頭與舌頭 1 組黏於
上緣下方處。

16
眼睛 2 個黏於鼻頭左
右，眉毛 2 條黏於眼
睛上方 0.3cm 處，即
完成狗。

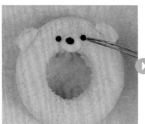

L. 貪吃小豬

✖ 材料 *Ingredients*

【全身、鼻子、耳朵】

七吋天使模麵糊 25g ＋橘色色膏 2 米粒 →拌勻成膚色麵糊

 ➔

✖ 作法 *Step by Step*

烤焙

01
將烤箱預熱上下火
160℃。將膚色麵糊
裝入套於杯中的三明
治袋，袋口並綁緊。

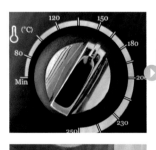 

02
膚色麵糊 20g 擠至甜
甜圈模具內（全身），
剩餘 5g 擠至小油力
士紙（鼻子、耳朵）。

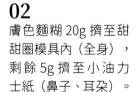

03

將裝麵糊的甜甜圈模
與油力士紙排入烤
盤，放入烤箱中層。

04

使用上下火 160°C 烤
10 分鐘，調降上下火
140°C 烤 10 分鐘，取
出所有模具，輕敲後
倒扣放涼。

造型

05

所有蛋糕放涼後，甜甜圈蛋糕脫模，取下油力士
紙蛋糕片，上下蓋著饅頭紙，使用擀麵棍擀平。

06

準備壓模各 1 個：長
1×寬 0.5cm 橢圓形、
長1×寬0.5cm 愛心形。

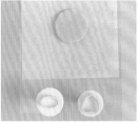

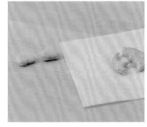

07

將愛心形壓模放在小
油力士紙的膚色蛋糕
片上，切出 2 片（耳
朵）。

08

使用橢圓形壓模切出
1 片（鼻子）。

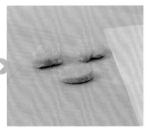

09

融化的黑色巧克力擠出直徑0.3 cm的圓形2個（眼
睛），接著擠出長 0.3cm 的 1/4 圓弧線 2 條（眉
毛）。

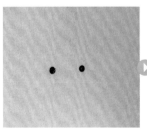

10

融化的黑色巧克力擠出直徑 0.1 cm 的圓形 2 個，於鼻頭正面左右（鼻孔）。

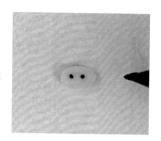

黏合

11

開始黏合，用融化的白色巧克力將耳朵 2 片黏於頭上方左右。

12

鼻子 1 個黏於上緣下方處。

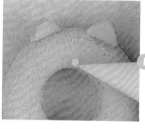 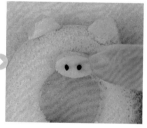

13

眼睛 2 個黏於鼻頭左右。

14

眉毛 2 條黏於眼睛上方 0.3cm 處，即完成豬。

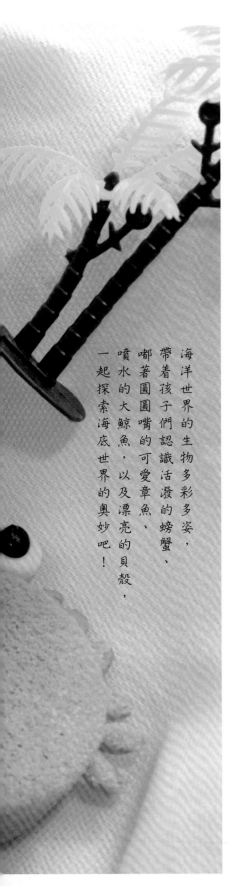

海洋世界的生物多彩多姿，帶着孩子們認識活潑的螃蟹、嘟著圓圓嘴的可愛章魚、噴水的大鯨魚，以及漂亮的貝殼，一起探索海底世界的奧妙吧！

探索海洋世界

❉ 完成份量

橫行螃蟹	1 隻
滑溜章魚	1 隻
噴水鯨魚	1 隻
美麗貝殼	1 個

❉ 裝麵糊模具

圓餅矽膠模具（直徑 5× 高 2cm）	4 個
中油力士紙	2 個
小油力士紙	2 個

❉ 蛋糕麵糊量

七吋天使模麵糊	0.5 份（P.16）

❉ 各色巧克力量

融化的白色巧克力	10g
融化的黑色巧克力	10g
融化的白色巧克力 5g ＋粉紅色色膏 1 米粒 →調成粉紅色	

＊巧克力調色方法見 P.29。

❉ 裝飾配件

炸過義大利麵條	1 支
紙棒	4 支
棉線	1 條（30cm）
食用白色糖珠	3g
食用星星糖片	3g

A. 橫行螃蟹

❖ 材料 *Ingredients*

【全身、鉗子、腳】

天使模麵糊 35g ＋紅色色膏 5 米粒 →拌勻成紅色麵糊

❖ 作法 *Step by Step*

烤焙

01

將烤箱預熱上下火
160℃。將拌勻的紅
色麵糊裝入套於杯中
的三明治袋，袋口並
綁緊。

02

紅色麵糊 25g 將圓餅
模具填滿（蟹體），
剩餘麵糊 10g 擠於中
油力士紙。

03

將裝麵糊的圓餅模與油力士紙排入烤盤，放入烤箱中層。上下火 160°C 烤 10 分鐘，調降上下火 140°C 烤 10 分鐘，取出所有模具。

04

取出後輕敲，倒扣於置涼架放涼。

造型

05

所有蛋糕放涼後，取下油力士紙蛋糕片，上下蓋著饅頭紙，使用擀麵棍擀平。用蛋糕刀將圓餅蛋糕表面修飾平整，脫模。

06

準備壓模各 1 個：長 3× 寬 3cm 的 8 瓣花形、直徑 1cm 圓形、長 2× 寬 2cm 星形。

07

將花形壓模放在中油力士紙的紅色蛋糕片上，切出 1 片。

08
將8個花瓣剪下（腳）。

09
使用圓形壓模切出 2
片（鉗子）。

10
使用星形壓模在 2 個
圓片蛋糕上，切出深
約 0.3cm 三角形缺口
（鉗子）。

11
融化的白色巧克力擠出直徑 1cm 的圓形（眼白）。

12
融化的黑色巧克力於眼白 2 個上方，擠出直徑 0.5
cm 的圓形 2 個（眼球），接著擠出長 1cm 的
1/2 圓弧線 1 條（嘴巴）。

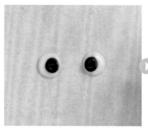

13

開始黏合，用融化的
白色巧克力將眼睛黏
於切成 2cm 的炸過義
大利麵條一端，即為
眼睛棒。

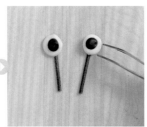

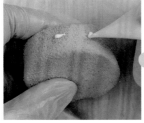

14

眼睛棒黏於臉部上方
左右。

15

鉗子 2 個黏於眼睛的外側。

16

嘴巴 1 個黏於頭上方的正
中央。

17

腳 8 隻黏於身體左右
兩側，每側各 4 支。

18

圓餅蛋糕下方插入紙
棒黏合，即完成螃蟹。

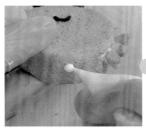

B. 滑溜章魚

❋ 材料 *Ingredients*

【全身、嘴巴、腳】

天使模麵糊 35g ＋紫色色膏 3 米粒 →拌勻成紫色麵糊

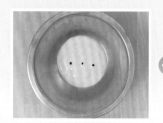 

❋ 作法 *Step by Step*

烤焙

01

將烤箱預熱上下火
160℃。將拌勻的紫
色麵糊裝入套於杯中
的三明治袋，袋口並
綁緊。

 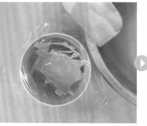 

02

紫色麵糊 25g 將圓餅
模具填滿（章魚體），
剩餘麵糊 10g 擠於中
油力士紙（腳）。

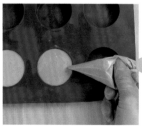 

03
將裝麵糊的圓餅模、
與油力士紙排入烤
盤，放入烤箱中層。

04
使用上下火 160°C 烤
10 分鐘，調降上下火
140°C 烤10分鐘，取
出所有模具。

05
取出後輕敲，倒扣於置涼架放涼。

造型

06
所有蛋糕放涼後，取
下油力士紙蛋糕片，
上下蓋著饅頭紙，使
用擀麵棍擀平。用蛋
糕刀將圓餅蛋糕表面
修飾平整，脫模。

07
準備壓模各 1 個：長 3× 寬 3cm 的 8 瓣花形、
直徑 2cm 圓形、直徑 0.5cm 圓形。

08
將花形壓模放在中油
力士紙的紫色蛋糕
片，切出 1 片 4 瓣
（腳）。

09
使用直徑 2cm 圓形壓
模切出 1 片。

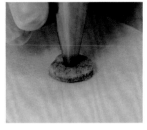

10
再使用直徑 0.5cm 的
圓形在蛋糕片中央，
壓切出一個 O 形（章
魚嘴）。

11
融化的黑色巧克力擠
出直徑 0.5 cm 的圓形
2 個（眼球）。

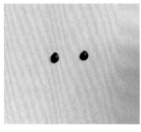

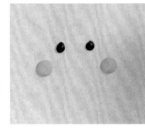

12
融化的粉紅色巧克力
擠出直徑 1cm 的圓形
2 個（腮紅）。

黏合

13
開始黏合，用融化的
白色巧克力將嘴巴黏
合章魚體的正中央。

14
眼睛 2 個黏於嘴巴上
方左右。

15
腮紅 2 個黏於眼睛外
側。

16
腳 1 組黏於章魚身體
下面。

17
圓餅蛋糕下方插入紙
棒黏合，即完成章魚。

C. 噴水鯨魚

✿ 材料 *Ingredients*

【肚皮、水花】

天使模麵糊 10g →白色麵糊

【全身、尾巴】

天使模麵糊 25g ＋藍色色膏 3 米粒 →拌勻成藍色麵糊

✿ 作法 *Step by Step*

烤焙

01

將烤箱預熱上下火 160℃。將拌勻的各色麵糊裝入套於杯中的三明治袋，袋口並綁緊。

02

白色麵糊 5g 擠半圓形於圓餅模具下緣（肚皮），剩餘麵糊 5g 擠於小油力士紙。

03

藍色麵糊 20g 先擠於肚皮麵糊外圍，先包覆穩固其形狀，再繼續填滿。

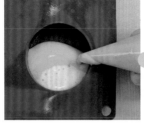

04

剩餘藍色麵糊 5g 擠至小油力士紙。

05

將裝麵糊的圓餅模與油力士紙排入烤盤，放入烤箱中層。

06

使用上下火 160°C 烤 10 分鐘，調降上下火 140°C 烤 10 分鐘，取出所有模具。

07

取出後輕敲，倒扣於置涼架放涼。

造型

08

所有蛋糕放涼後，取下油力士紙蛋糕片，上下蓋著饅頭紙，使用擀麵棍擀平。用蛋糕刀將圓餅蛋糕表面修飾平整，脫模。

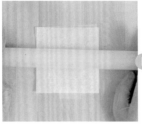

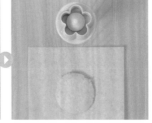

09

準備壓模各 1 個：長 2.5× 寬 2.5cm 愛心、長 2.5× 寬 2.5cm 的 5 瓣花形。

10
將愛心壓模放在小油力士紙的藍色蛋糕片，切出1片（魚尾）。

11
使用花形壓模放在小油力士紙的白色蛋糕片，切出 1 片。

12
剪出 3 瓣（水花）。

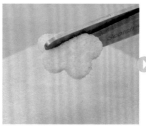 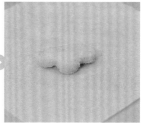

13
融化的黑色巧克力擠出直徑 0.3cm 的黑巧克力 1 個（眼睛）。

 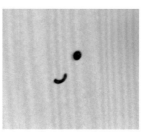

14
融化的黑色巧克力擠出 1cm 的 1/4 圓弧線 1 條（嘴巴）。

15
繼續擠出一點於弧線一端（嘴角）。

16
開始黏合，用融化的
白色巧克力將水花1
個黏於身體上方。

17
眼睛1個黏於身體正面
左側。

18
嘴巴1個黏於嘴巴下方
1cm 處。

19
魚尾1個黏於身體右側。

20
圓餅蛋糕下方插入紙
棒黏合，即完成鯨魚。

D. 美麗貝殼

❖ 材料 *Ingredients*

【貝殼】

天使模麵糊 25g ＋粉紅色色膏 5 米粒 →拌勻成粉紅色麵糊

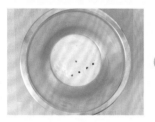 

❖ 作法 *Step by Step*

烤焙

01
將烤箱預熱上下火
160℃。將拌勻的紅
色麵糊裝入套於杯中
的三明治袋，袋口並
綁緊。

02
紅色麵糊 25g 將圓餅
模具填滿（貝殼）。

 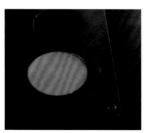

03
將裝麵糊的圓餅模排
入烤盤，放入烤箱中
層。上下火 160℃烤
10 分鐘，調降上下
火 140℃烤 10 分鐘。

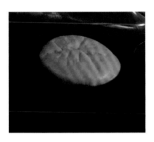

04
取出所有模具，輕敲後倒扣於置涼架放涼。

05
用蛋糕刀將圓餅蛋糕
表面修飾平整，脫模。

06
準備棉線 30cm，將圓餅蛋糕以正下方為起始
點，使用棉線朝正上方、左上方、右上方纏繞
3 處。

 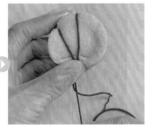

07
放置約 5 分鐘定型，
剪開棉線。

08
鬆綁後得到 4 瓣形貝
殼 1 個。

黏合

09
開始黏合，融化的白
色巧克力隨意黏合星
星糖片、白色糖珠。

10
圓餅蛋糕下方插入紙
棒黏合，即完成貝殼。

海洋世界有很多可
愛的動物，歡迎你
們來海洋找我們！

最喜歡到海邊玩水，

堆著沙雕城堡，蒐集岸上的貝殼，

坐在游泳圈中隨著海浪飄呀飄，真是樂趣無比。

和家人一起用蛋糕和翻糖完成美麗的沙灘碉堡，

把遊玩的美好回憶記錄下來吧！

夏日沙灘碉堡

❖ 完成份量

海底世界 ⋯⋯⋯⋯⋯⋯⋯ 1 個
漂浮游泳圈 ⋯⋯⋯⋯⋯⋯ 1 個
沙灘碉堡 ⋯⋯⋯⋯⋯⋯⋯ 1 個

❖ 裝麵糊模具

6 吋煙囪模 ⋯⋯⋯⋯⋯⋯ 1 個
4 吋煙囪模 ⋯⋯⋯⋯⋯⋯ 1 個
甜甜圈模 ⋯⋯⋯⋯⋯⋯⋯ 1 個
自製圓錐模 ⋯⋯⋯⋯⋯ 1 個（P.32）

❖ 蛋糕麵糊量

七吋天使模麵糊 ⋯⋯⋯⋯ 1 份（P.16）

❖ 各色巧克力量

融化的白色巧克力 ⋯⋯⋯⋯⋯⋯ 10g
＊巧克力融化方法見 P.28。

❖ 裝飾配件

白色翻糖 ⋯⋯⋯⋯⋯⋯⋯ 70g
貝殼翻糖矽膠模具 ⋯⋯⋯⋯ 1 組

A. 海底世界

❋ 材料 *Ingredients*

【白色波浪】
天使模麵糊 150g →白色麵糊

【藍色波浪】
天使模麵糊 150g ＋藍色色膏 10 米粒 →拌勻成藍色麵糊

【翻糖調色】
海草：白色翻糖 20g ＋綠色色膏 5 米粒 →揉勻成綠色
礁岩：白色翻糖 20g ＋竹炭粉 3 米粒 →揉不均勻灰色
貝殼：白色翻糖 10g ＋黃色色膏 1 米粒 →揉勻黃色
貝殼：白色翻糖 10g ＋粉紅色色膏 1 米粒 →揉勻粉紅色
貝殼：白色翻糖 10g ＋藍色色膏 1 米粒 →揉勻藍色

❋ 作法 *Step by Step*

烤焙

01
烤箱預熱上下火 160℃。

02

將部分白色麵糊、部分藍色麵糊裝入套於杯中的三明治袋，袋口並綁緊，過多無法裝袋的麵糊於調色碗中備用。

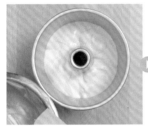 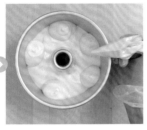

03

將白色麵糊 100g 先填平於 6 吋煙囪模內，剩餘麵糊 50g 於煙囪內間隔 5 處各擠出一團 10g 麵糊。

04

將藍色麵糊 150g 擠於白色波浪麵糊外圍，先擠部分包覆穩固其形狀，再將剩餘藍色麵糊填完，呈現波浪效果。

05

將裝麵糊的煙囪模放入烤箱中層。

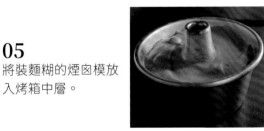 

06

使用上下火 160℃ 烤 15 分鐘，調降上下火 140℃ 烤 15 分鐘，調降上下火 130℃ 烤 10 分鐘。

07

取出後輕敲，倒扣放涼。

   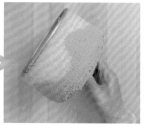

08
使用蛋糕刀將放涼的蛋糕表面修飾平整,用手輕輕將蛋糕與模具撥離。

   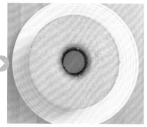

09
一手托著蛋糕後倒扣模具,脫模取出蛋糕,可利用牙籤或竹籤協助脫模。

10
將綠色翻糖分成 3g 共 3
個、5g 共 2 個,先放於
掌心搓成兩端尖頭長條
形(海草)。

 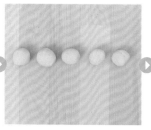 

11
將每個綠色翻糖壓扁,
兩手指頭捏住兩處尖
端,輕輕扭轉3圈,
呈波浪狀。

12
灰色翻糖 20g 分成 3g 共 3 個、5g 共 2 個，隨意捏成不規則形狀（灰礁岩）。

13
將黃色、粉紅色和藍色翻糖隨意混合揉成彩色翻糖 30g。

14
彩色翻糖壓入貝殼翻糖矽膠模具，製作出貝殼數個。

黏合

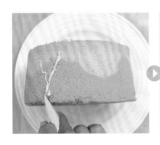  

15
開始黏合，用融化的白色巧克力將所有翻糖裝飾配件隨意黏於藍白波浪蛋糕裝飾，即完成海底世界。

B. 漂浮游泳圈

❉ 材料 *Ingredients*

【白色紋路】
天使模麵糊 10g →白色麵糊

【紅色紋路】
天使模麵糊 10g ＋紅色色膏 1 米粒 →拌勻成紅色麵糊

❉ 作法 *Step by Step*

烤焙

01
將烤箱預熱上下火
160℃。將拌勻的各
色麵糊裝入套於杯中
的三明治袋，袋口並
綁緊。

02
白色麵糊 5g 擠於甜甜
圈模 2 端（1/4 間隔）。

 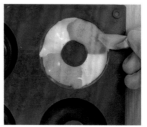

03
紅色麵糊 5g 擠於甜甜
圈模 2 端（1/4 間隔），
呈現游泳圈紋路。

04
將甜甜圈模具排入烤
盤，放入烤箱中層，
使用上下火160℃烤10
分鐘。

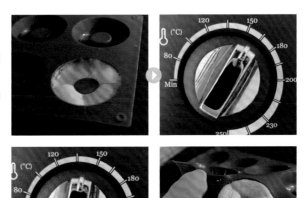

05
調降上下火 140℃烤
10 分鐘，取出甜甜
圈蛋糕，倒扣於置涼
架放涼。

造型

06
用蛋糕刀將表面修飾
平整，脫模。

07
可用直徑 2cm 圓形壓
模在蛋糕中央壓出 1
個洞，即完成游泳圈。

C. 沙灘碉堡

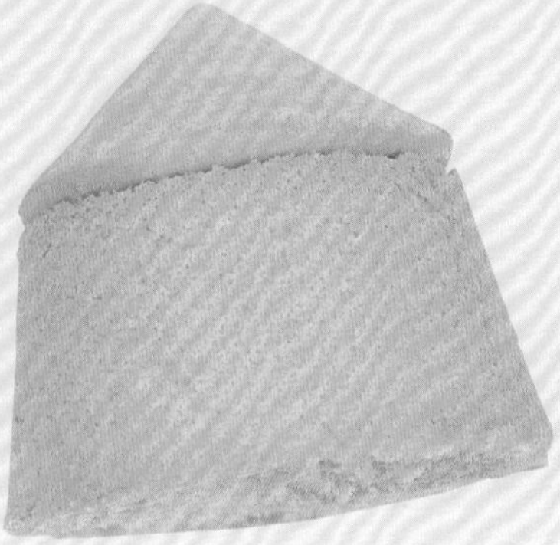

✿ 材料 *Ingredients*

【碉堡】

天使模麵糊 230g ＋橘色色膏 10 米粒 →拌勻成橘色麵糊

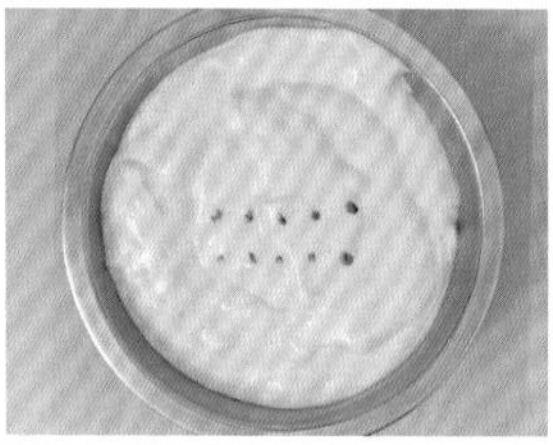

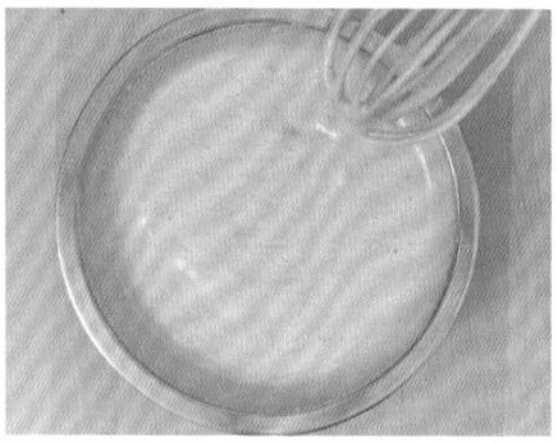

✿ 作法 *Step by Step*

烤焙

01
烤箱預熱上下火160°C。

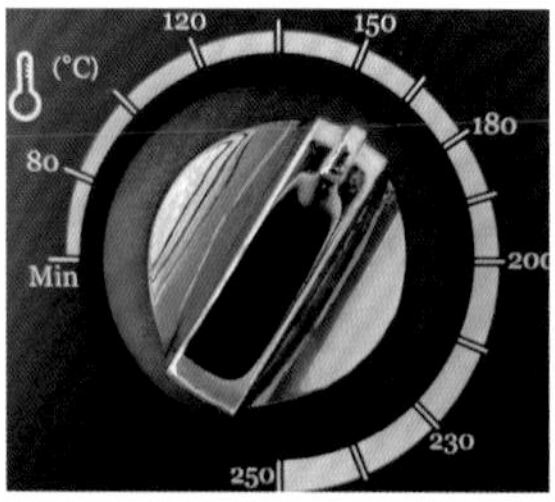

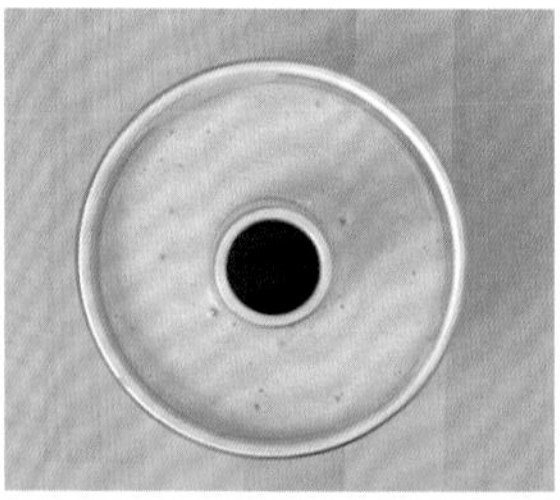

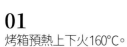

02
橘色麵糊 180g 倒入 4 吋煙囪模。

03
剩餘橘色麵糊 50g 倒入自製圓椎模。

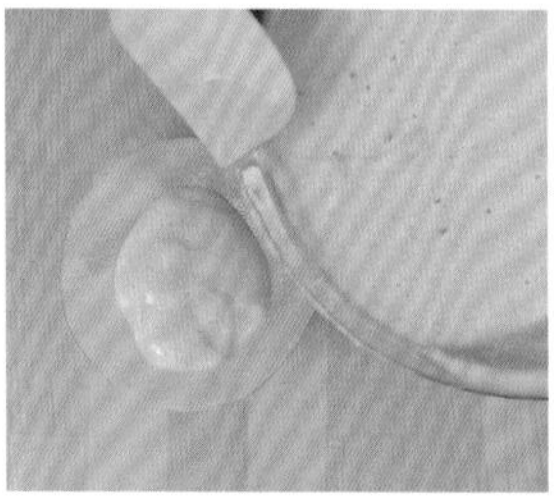

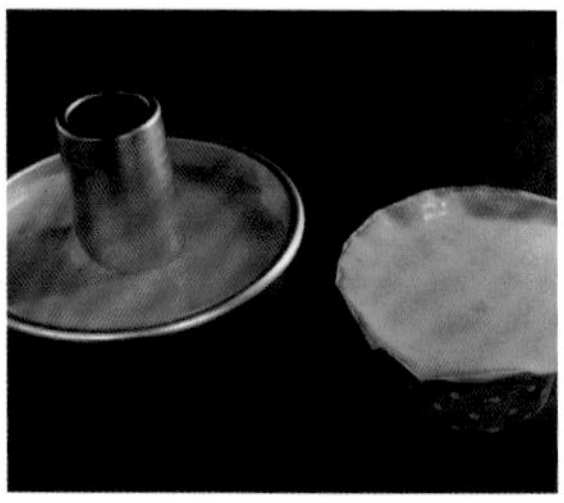

04
自製圓錐模下方使用鋁箔杯固定，和裝麵糊的 4 吋煙囪模排入烤盤，放入烤箱中層。

05
使用上下火 160°C烤 15 分鐘，調降上下火 140°C烤10分鐘，取出圓錐蛋糕，取出後輕敲，放涼。

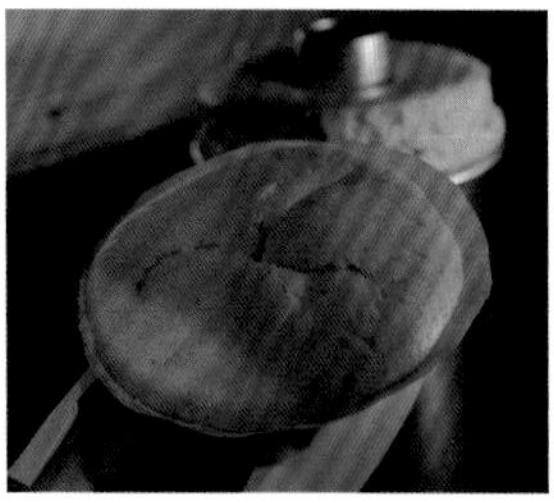

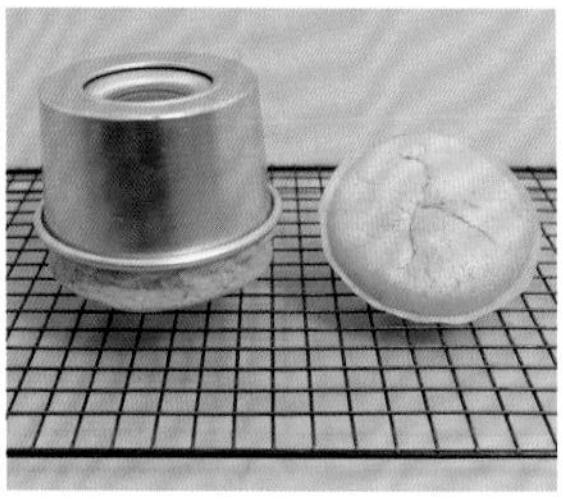

06
上下火 140°C續烤 5 分鐘，調降上下火 130°C 烤 5 分鐘，取出 4 吋煙囪模。輕敲後倒扣，放涼。

造型

07
待所有蛋糕放涼後，圓錐蛋糕撕除表面白報紙。

08
使用蛋糕刀將煙囪模蛋糕表面修飾平整，用手輕輕將蛋糕與模具撥離。

09
一手托著蛋糕後倒扣模具，脫模取出蛋糕，可利用牙籤或竹籤協助脫模。

黏合　**整體組合裝飾**

10
融化的白色巧克力，將圓錐蛋糕黏於煙囪蛋糕上面，即完成沙灘碉堡。

Step 01
融化的白色巧克力將沙灘碉堡蛋糕黏於海底世界蛋糕上方。

Step 02
將游泳圈蛋糕黏於沙雕碉堡蛋糕右側即可。

外星人、太空人、地球和星星一起跟著火箭發射，
帶著孩子一起操作這個有趣的主題，
問問小朋友廣大的宇宙中還有什麼神祕生物呢？
我們下次也登上火箭一起來探險吧！

環遊星際探險

完成份量

酷炫外星人……1 個
漫遊太空人……1 個
噴射火箭……1 個
浩瀚地球……1 個
閃亮星星……1 個

裝麵糊模具

七吋天使模……1 個
大油力士紙……2 個
中油力士紙……1 個
橫式蛋殼……3 個
＊蛋殼背面開洞方法見 P.32。

蛋糕麵糊量

七吋天使模麵糊……1 份（P.16）

各色巧克力量

融化的白色巧克力……10g
融化的黑色巧克力……10g
＊巧克力調色方法見 P.29。

裝飾配件

小顆彩色棉花糖……10g
炸過義大利麵條……1 支

A. 酷炫外星人

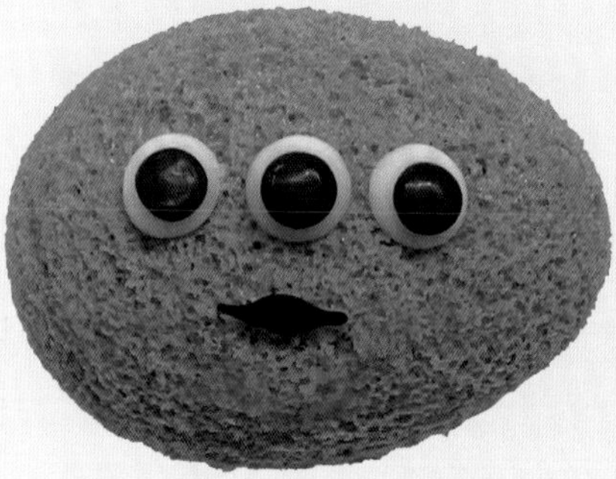

✲ 材料 *Ingredients*

【頭】

天使模麵糊 25g ＋紫色色膏 3 米粒 →拌勻成紫色麵糊

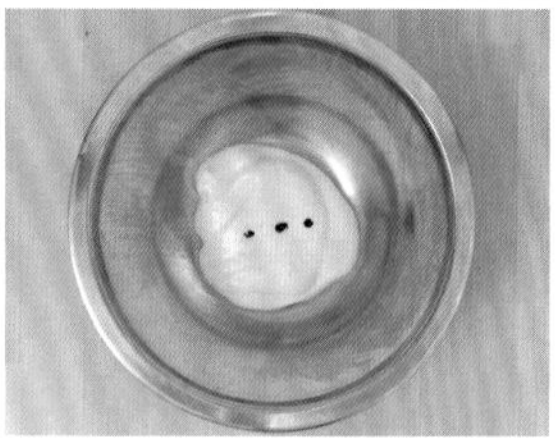

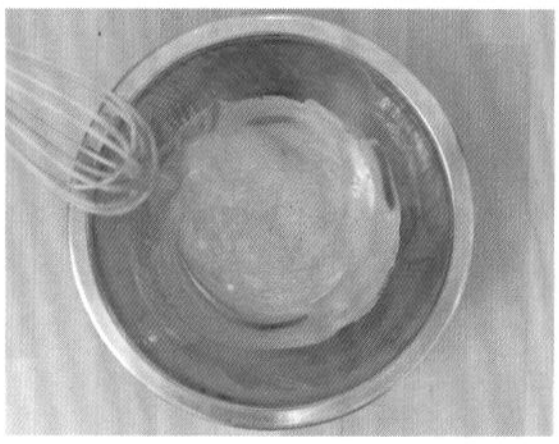

✲ 作法 *Step by Step*

烤焙

01

烤箱預熱上下火160°C。

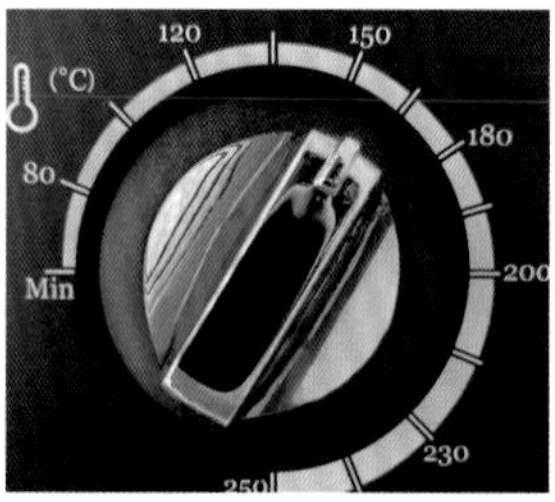

02

將拌勻的紫色麵糊裝入套於杯中的三明治袋，袋口並綁緊。

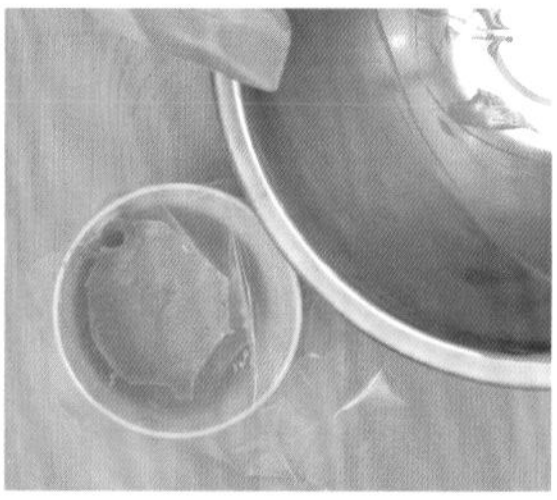

03

紫色麵糊 25g 擠入橫式蛋殼填滿（頭）。

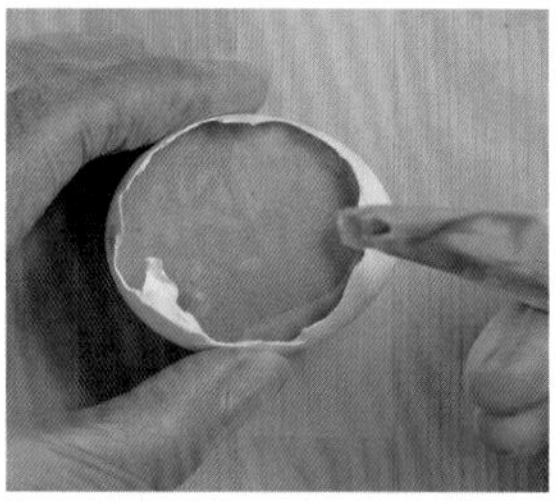

04

將蛋殼放置於鋁箔杯固定，放入烤箱中層。

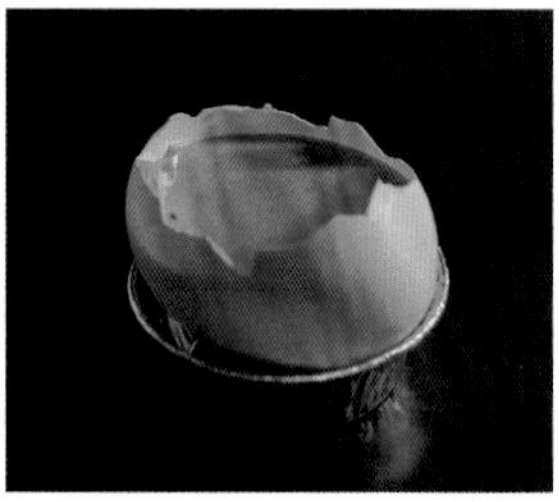

05

使用上下火 160°C烤 15 分鐘，調降上下火 140°C烤 10 分鐘，取出蛋殼蛋糕。

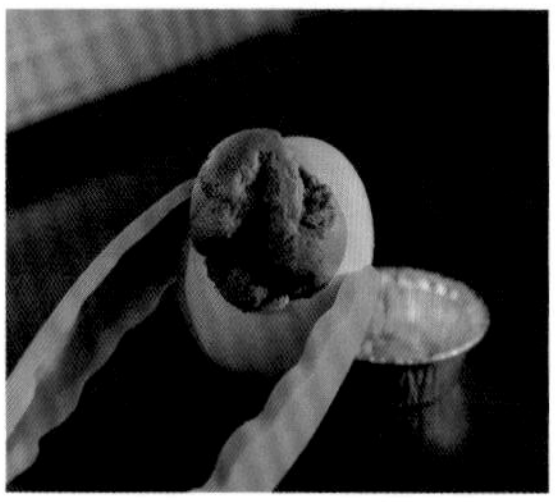

06

取出後不敲，倒扣至放涼。

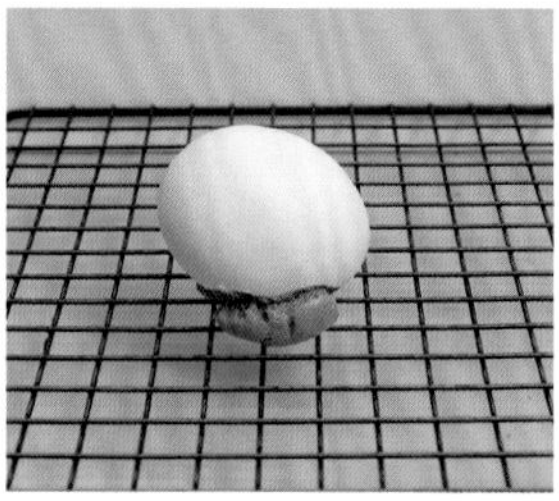

造型

造型

07
所有蛋糕放涼後，以剪刀修除外露的蛋糕，剝除蛋殼。

08
融化的白色巧克力擠出直徑 1cm 的圓形 3 個（眼白）。

 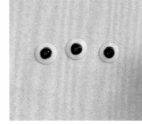

09
融化的黑色巧克力於 3 個眼白上擠出直徑 0.5 cm 的圓形（眼球）。

10
融化的黑色巧克力擠出直徑 0.5cm 的圓形（嘴巴）。

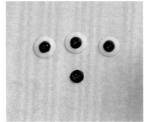 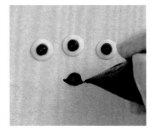

11
用三明治袋的袋口於圓的左右勾出 0.2cm 上揚彎角（嘴角）。

黏合

12
開始黏合，用融化的白色巧克力將眼睛黏於臉正面左、中、右。

13
嘴巴 1 個黏於中間眼睛下方 0.3cm 處，即完成外星人。

B. 漫遊太空人

❈ 材料 *Ingredients*

【面罩】
天使模麵糊 5g ＋竹炭粉 1 米粒 →拌勻成黑色麵糊

【頭套、耳罩】
天使模麵糊 30g →白色麵糊

❈ 作法 *Step by Step*

> 烤焙

01
將烤箱預熱上下火160℃。將拌勻的各色麵糊裝入套於杯中的三明治袋，袋口並綁緊。

02
黑色麵糊 5g 於橫式蛋殼正中央擠出直徑4cm的橢圓形（面罩），白色麵糊擠於面罩麵糊外圍，將其形狀先包覆起來，剩餘麵糊填滿蛋殼（頭套）。

03
白色麵糊 10g 擠至中油力士紙（耳罩）。

04
蛋殼下方使用鋁箔杯固定，與其他裝麵糊的蛋殼排入烤盤，放入烤箱中層。

05

使用上下火160℃烤
15分鐘，調降上下火
140℃烤5分鐘，取出
油力士紙蛋糕。輕敲
後倒扣於置涼架放涼。

06

使用上下火140℃續烤
5分鐘，取出蛋殼蛋糕，
不用敲，倒扣至放涼。

造型

07

所有蛋糕放涼後，取
下油力士紙蛋糕片，
上下蓋著饅頭紙，使
用擀麵棍擀平。蛋殼
蛋糕以剪刀修除外露
的蛋糕，剝除蛋殼。

08

將直徑1cm圓形壓模
放在中油力士紙的白
色蛋糕片上，切出2片
（耳罩）。

09

融化的白色巧克力沿
著面罩右側弧度擠出
驚嘆號1個（玻璃反
光）。

黏合

10

開始黏合，用融化的
白色巧克力將耳罩2
個黏於頭左右，即完
成太空人。

C. 噴射火箭

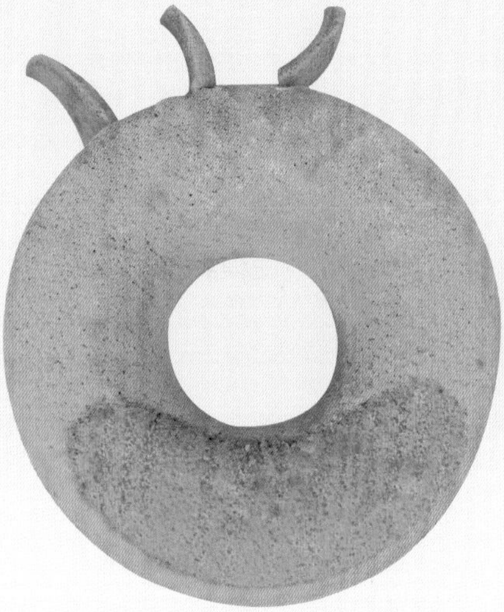

✲ 材料 *Ingredients*

【艙頭、尾翼】

天使模麵糊 95g ＋紅色色膏 10 米粒 →拌勻成紅色麵糊

【艙體】

天使模麵糊 280g ＋藍色色膏 10 米粒 →拌勻成藍色麵糊

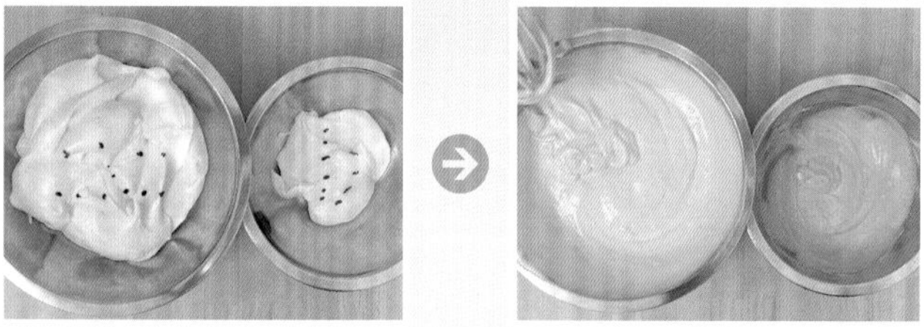

✲ 作法 *Step by Step*

烤焙

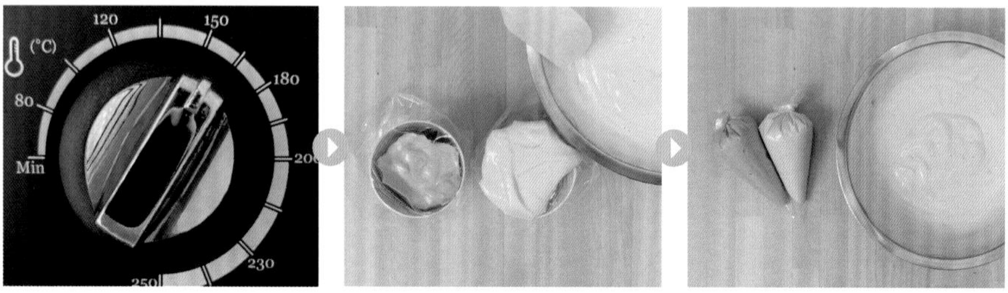

01
將烤箱預熱上下火 160°C。部分紅色麵糊、部分藍色麵糊裝入套於杯中的三明治袋，過多無法裝袋的麵糊於調色碗中備用。

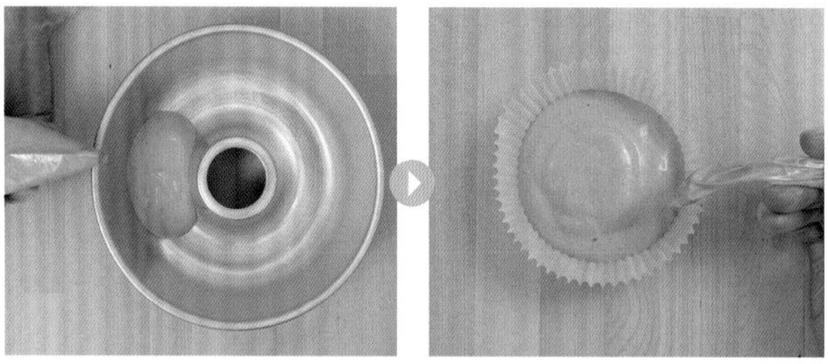

02
紅色麵糊 80g 擠於天使模內 1/5 處（艙頭），剩餘麵糊 15g 擠於大油力士紙（尾翼）。

03
藍色麵糊 280g 擠於艙
頭處外圍，將其形狀
先包覆起來，再將剩
餘麵糊填滿天使模（艙
體）。

04
將裝麵糊的天使模與
油力士紙排入烤盤，
放入烤箱中層。上下
火 160℃烤 15 分鐘，
調降上下火 140℃烤
5 分鐘，取出油力士
紙蛋糕，輕敲後倒扣
放涼。

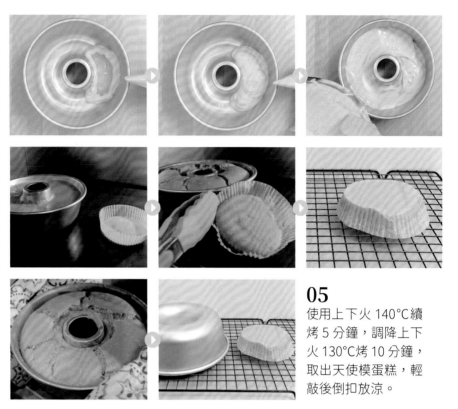

05
使用上下火 140℃續
烤 5 分鐘，調降上下
火 130℃烤 10 分鐘，
取出天使模蛋糕，輕
敲後倒扣放涼。

造型

06
所有蛋糕放涼後，取
下油力士紙蛋糕片，
上下蓋著饅頭紙，使
用擀麵棍擀平。使用
直徑 5cm 圓形壓模切
出 1 片。

07
天使模蛋糕用蛋糕刀
將表面修飾平整，蛋
糕脫模。

08

將大油力士紙的紅色
蛋糕片用剪刀剪成
1/4，取3個半圓（尾
翼）。

黏合

09

開始黏合，用融化的白色巧克力將尾翼3個間
隔3cm黏於艙尾，即完成火箭。

D. 浩瀚地球

✖ 材料 *Ingredients*

【綠地】
天使模麵糊5g ＋綠色色膏1米粒 →拌勻成綠色麵糊

【海洋】
天使模麵糊20g ＋藍色色膏2米粒 →拌勻成藍色麵糊

❖ 作法 *Step by Step*

01

將烤箱預熱上下火160℃，將拌勻的各色麵糊裝入套於杯中的三明治袋，袋口並綁緊。

02

綠色麵糊 5g 擠出 3 個不規則形狀於橫式蛋殼（綠地）。

03

藍色麵糊 20g 擠於綠地處外圍，將其形狀先包覆起來，再將剩餘麵糊填滿蛋殼。

04

蛋殼下方使用鋁箔杯固定，放入烤箱中層，上下火 160℃ 烤 15 分鐘，調降上下火 140℃ 烤 10 分鐘。

05

取出蛋殼蛋糕，不用敲，倒扣放涼。

06

以剪刀修除外露的蛋殼蛋糕，剝除蛋殼，即完成地球。

E. 閃亮星星

❋ 材料 *Ingredients*

【星星】

天使模麵糊 15g ＋黃色色膏 3 米粒

→拌勻成黃色麵糊

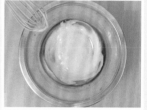

❋ 作法 *Step by Step*

烤焙

01
將烤箱預熱上下火
160℃。將拌勻的黃色
麵糊裝入套於杯中的三
明治袋,袋口並綁緊。

02
黃色麵糊擠入大油力
士紙(星星),排入
烤盤後放入烤箱中層。

03
上下火160℃烤15分
鐘,調降上下火140℃
烤 5 分鐘,取出油力
士紙蛋糕,輕敲後倒
扣放涼。

造型

04
以餐巾紙黏除濕黏表
層,擀平。

05
準備壓模 1 個:長 6×
寬 6cm 星形。

06

將星形壓模放在大油力士紙的黃色蛋糕片上，切出 1 片（星星）。

07

融化的黑色巧克力擠出直徑 1 cm 的圓形 2 個（眼睛），接著擠出長 1cm 的 1/2 圓弧線 1 條（嘴巴）。

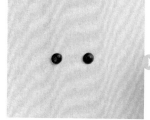 

黏合

08

開始黏合，用融化的白色巧克力將嘴巴黏於星星正中央。

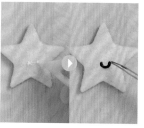 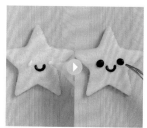

09

眼睛 2 個黏於嘴巴左右上方，即完成星星。

整體組合裝飾

Step 01

彩色棉花糖倒入火箭蛋糕中空處填滿，防止黏合蛋殼蛋糕時不斷掉落。

Step 02

用融化的白色巧克力將星星黏於蛋糕外圈。

Step 03

接著將地球、外星人和太空人，黏於火箭蛋糕中空處即可。

聖誕節是小孩很喜歡的節日之一，總期盼能收到心中嚮往的禮物。

將應景的繽紛聖誕樹、坐著麋鹿雪橇的聖誕老人，以及可愛的雪人都做成冰淇淋，讓孩子們更期待聖誕節的來臨！

溫馨聖誕派對

❖ 完成份量

和藹聖誕老人	1 個
繽紛聖誕花圈	1 個
溫馴麋鹿甜筒	1 個
冰晶雪人甜筒	1 個

❖ 裝麵糊模具

大油力士紙	1 個
小油力士紙	1 個
6 吋煙囪模	1 個
半圓模具	1 個
橫式蛋殼	2 個

＊蛋殼背面開洞方法見 P.32。

❖ 蛋糕麵糊量

七吋天使模麵糊	1 份（P.16）

❖ 各色巧克力量

融化的白色巧克力	10g
融化的黑色巧克力	10g
融化的白色巧克力 5g ＋粉紅色色膏 1 米粒 →調成粉紅色	
融化的白色巧克力 5g ＋紅色色膏 1 米粒 →調成紅色	
融化的白色巧克力 5g ＋橘色色膏 1 米粒 →調成橘色	

＊巧克力調色方法見 P.29。

❖ 裝飾配件

聖誕系列食用糖片	5g
塑膠冰淇淋甜筒	2 個

A. 和藹聖誕老人

材料 *Ingredients*

【臉】

七吋天使模麵糊 5g ＋橘色色膏 1 米粒 →拌勻成膚色麵糊

【頭髮】

七吋天使模麵糊 25g →白色麵糊

【帽子、手套】

七吋天使模麵糊 15g ＋紅色色膏 3 米粒 →拌勻成紅色麵糊

作法 *Step by Step*

烤焙

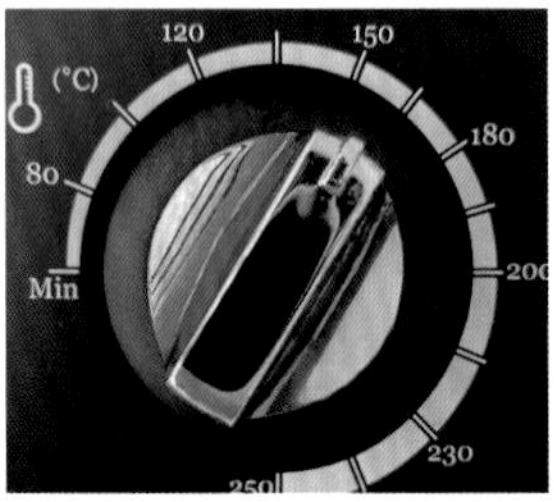

01
烤箱預熱上下火160°C。

02
將拌勻的各色麵糊裝入套於杯中的三明治袋，袋口並綁緊。

03

膚色麵糊 5g 於半圓模內正中央，擠出一個直徑 5cm 的圓形（臉）。白色麵糊 25g 將半圓模填滿（頭髮）。

04

紅色麵糊10g 擠至大油力士紙（帽子、手套）。

05

半圓模下方使用鋁箔杯固定，與其他裝麵糊的所有模具排入烤盤，放入烤箱中層。

06

使用上下火 160℃烤 15 分鐘，調降上下火 140℃烤 5分鐘，取出油力士紙蛋糕。

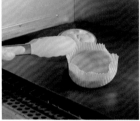

07

取出後輕敲，倒扣於置涼架放涼。

08

使用上下火140℃續烤 5分鐘，取出半圓蛋糕。

09

取出後輕敲，倒扣於置涼架放涼。

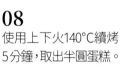 造型

10

所有蛋糕放涼後，取下油力士紙蛋糕片，上下蓋著饅頭紙，使用擀麵棍擀平。

11
半圓蛋糕用蛋糕刀將
表面修飾平整。

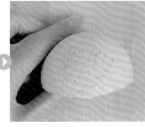

12
用手指慢慢將蛋糕與
模具分離，順利脫模。

13
準備壓模各1個：底
1.5×高1.5cm三角形、
直徑1cm圓形。將三
角形壓模放在大油力
士紙的紅色蛋糕片上，
切出1片（帽子）。

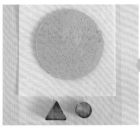

14
使用圓形壓模切出1
片蛋糕。

15
剪一半得到半圓2片
（手套）。

16

融化的粉紅色巧克力
擠出直徑 1 cm 的圓
形 1 個（鼻子）。

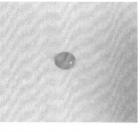

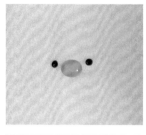

17

融化的黑色巧克力擠
出直徑 0.5 cm 的圓
形 2 個（眼睛）。

18

融化的白色巧克力擠
出 1cm 的 1/4 水滴弧
線 2 條（眉毛）。

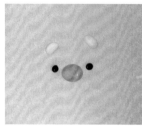

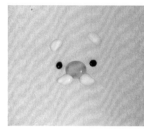

19

融化的白色巧克力擠
出長 1cm 的水滴 2 條
（鬍鬚）。

黏合

20

開始黏合，用融化的
白色巧克力將帽子黏
於頭上方。

21

於帽子下方擠出帽緣，於
帽子上方擠出毛球。

22

鼻子與鬍鬚 1 組黏於
臉正中央。

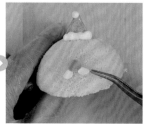

23
眼睛 2 個黏於鼻子左右各 1 個。

24
眉毛 2 條黏於眼睛上方 1cm 處。

25
手套 2 個黏於頭下方左右,即完成聖誕老人。

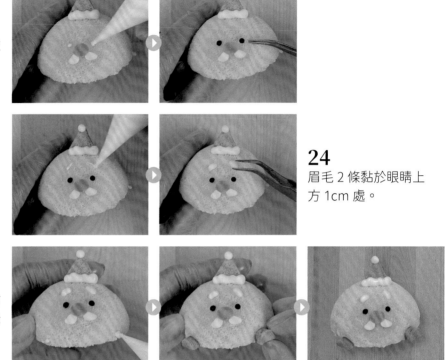

聖誕節是相當受歡迎的節慶,也適合全家人一起完成蛋糕的日子!

B. 繽紛聖誕花圈

❈ 材料 *Ingredients*

【緞帶】

七吋天使模麵糊 30g ＋紅色色膏 5 米粒 →拌勻成紅色麵糊

【花圈】

七吋天使模麵糊 270g ＋綠色色膏 10 米粒 →拌勻成綠色麵糊

❈ 作法 *Step by Step*

烤焙

01
烤箱預熱上下火 160℃。

02
將拌勻的各色麵糊裝
入套於杯中的三明治
袋，袋口並綁緊。

03
紅色麵糊 30g 於煙囪模內各 1/4 處底盤與內壁擠出寬 1cm 的直線（緞帶）。

04
綠色麵糊 270g 擠於緞帶麵糊外圍，包覆穩固其形狀。

05
將底盤放回模具內，再將剩餘麵糊全部填滿將煙囪模填滿（花圈）。

06
將裝麵糊的模具排入烤盤，放入烤箱中層。

07
上下火 160°C 烤 15 分鐘，調降上下火 140°C 烤 15 分鐘，調降上下火 130°C 烤 15 分鐘，取出煙囪模蛋糕，輕摔後倒扣放涼。

 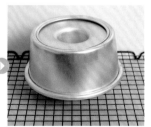

08

使用蛋糕刀將放涼的
蛋糕表面修飾平整。

09

用手輕輕將蛋糕與模
具撥離，一手托著蛋
糕後倒扣模具，脫模
取出蛋糕。

黏合

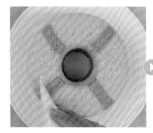 

10

開始黏合，融化的白色巧克力將聖誕系列食
用糖片隨意黏於花圈處裝飾，完成繽紛花圈
蛋糕。

C. 溫馴麋鹿甜筒

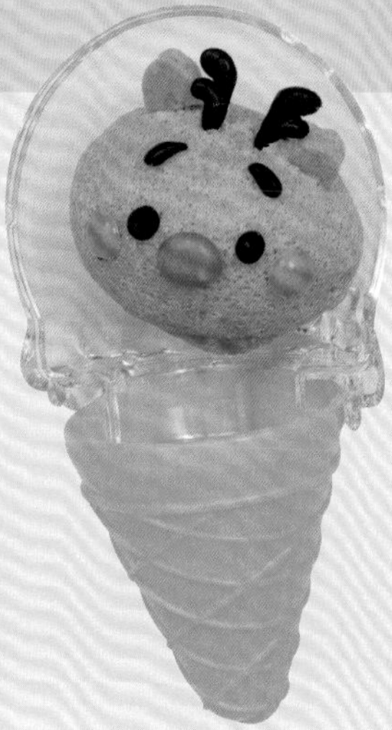

材料 *Ingredients*

【頭、耳朵】

七吋天使模麵糊 30g ＋棕色色膏 3 米粒 →拌勻成棕色麵糊

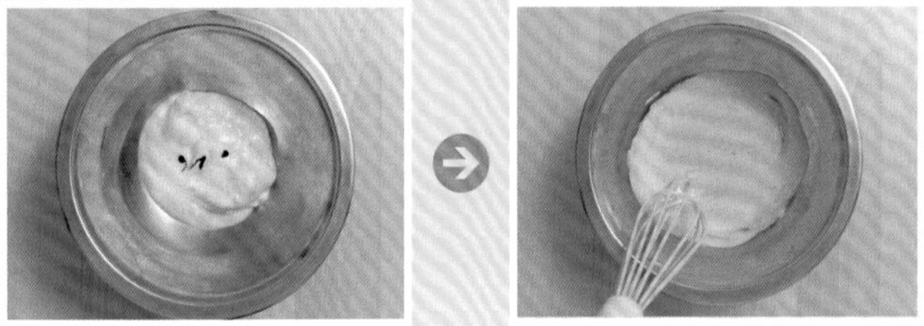

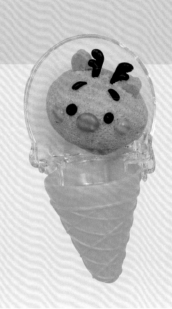

作法 *Step by Step*

烤焙

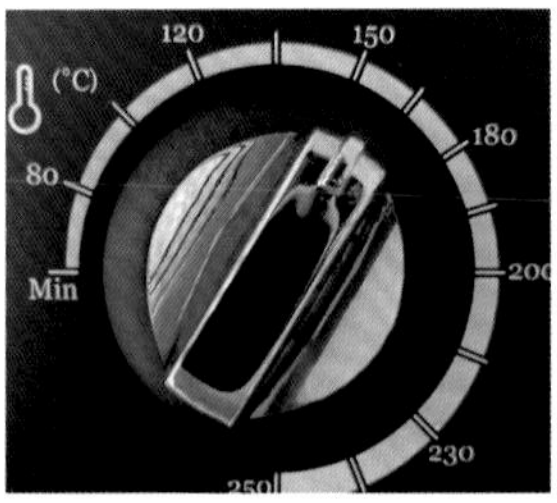

01
烤箱預熱上下火 160°C。

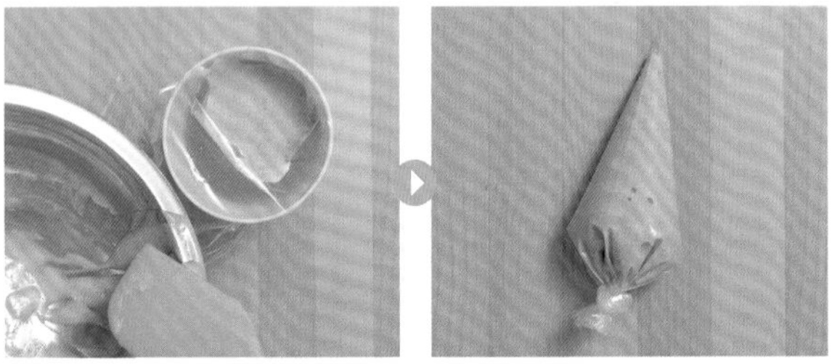

02
將拌勻的棕色麵糊裝入套於杯中的三明治袋，袋口並綁緊。

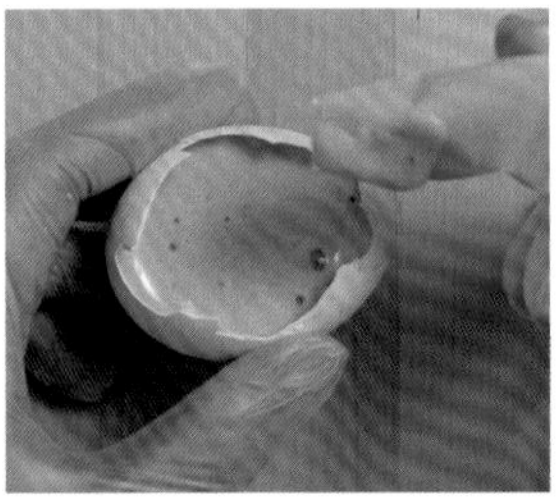

03
棕色麵糊 25g 將蛋殼填滿（臉）。

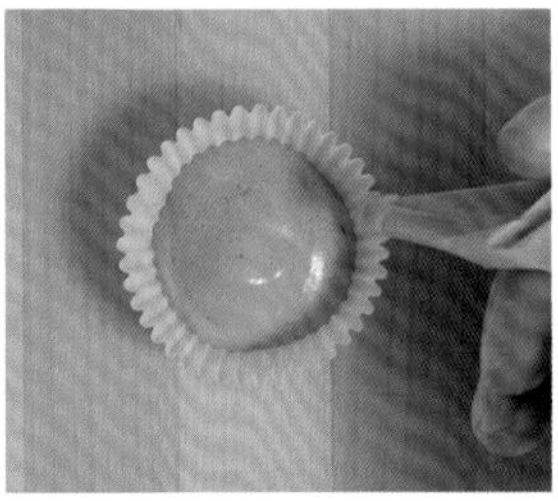

04
棕色麵糊 5g 擠至小油力士紙（耳朵）。

05
蛋殼下方使用鋁箔杯固定，與裝麵糊的油力士紙排入烤盤，放入烤箱中層。

06
使用上下火160℃烤15分鐘，調降上下火140℃烤5分鐘，取出油力士紙蛋糕。

07
取出後輕敲，倒扣於置涼架放涼。

08
上下火 140℃續烤5分鐘，取出蛋殼蛋糕，不需要敲，開口朝旁放涼。

造型

09
所有蛋糕放涼後，取下油力士紙蛋糕片，上下蓋著饅頭紙，使用擀麵棍擀平。

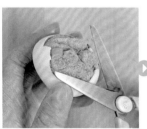

10
蛋殼蛋糕以剪刀修除外露的蛋糕，剝除蛋殼。

11
將長 1.5× 寬 1cm 橢圓形壓模放在小油力士紙的棕色蛋糕片上，切出 1 片。

12
對半剪開，得到半圓
2 片（耳朵）。

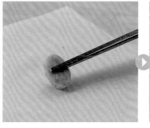 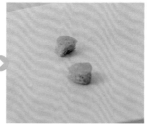

13
融化的紅色巧克力擠
出直徑 1cm 的圓形 1
個（鼻子）。

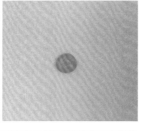

14
融化的黑色巧克力擠
出直徑 0.5 cm 的圓形
2 個（眼睛）。

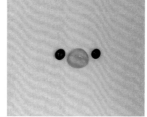

15
繼續擠出長 0.5cm 的
1/4 圓弧線 2 條（眉
毛）。

16
接著擠出長 1.5× 寬
1cm 的 F 形 2 個（觸
角）。

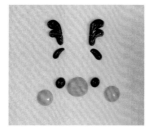

17
融化的粉紅色巧克力擠出直徑 1cm 的圓形 2 個
（腮紅）。

黏合

18
開始黏合，用融化的
白色巧克力將耳朵 2
個黏於頭兩側。

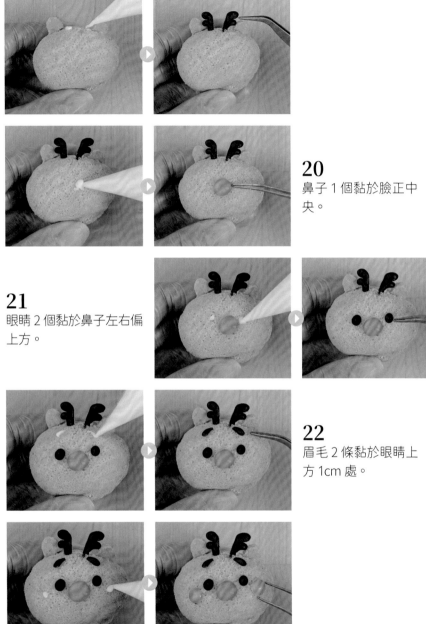

19
觸角 2 個黏於頭上方兩側，於觸角內側 0.3cm 處。

20
鼻子 1 個黏於臉正中央。

21
眼睛 2 個黏於鼻子左右偏上方。

22
眉毛 2 條黏於眼睛上方 1cm 處。

23
腮紅 2 個黏於眼睛外下方，即完成麋鹿。

D. 冰晶雪人甜筒

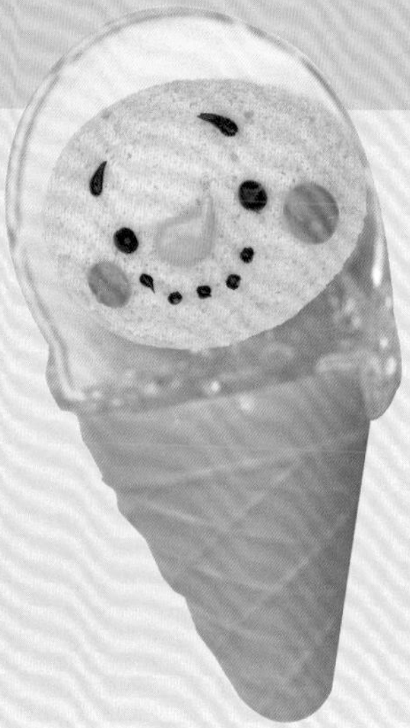

材料 *Ingredients*

【頭】

七吋天使模麵糊 25g →白色麵糊

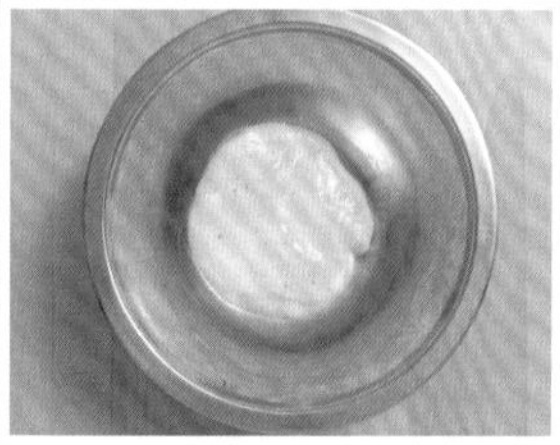

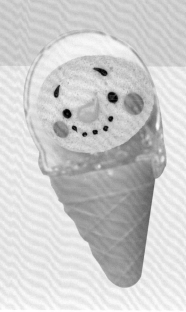

作法 *Step by Step*

烤焙

01
烤箱預熱上下火 160°C。

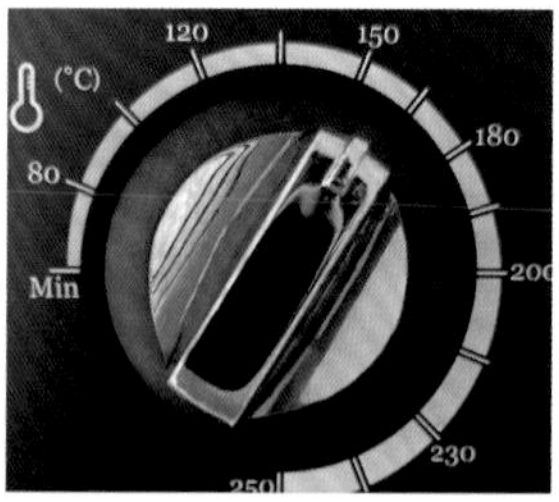

02
將白色麵糊裝入套於杯中的三明治袋，袋口並綁緊。

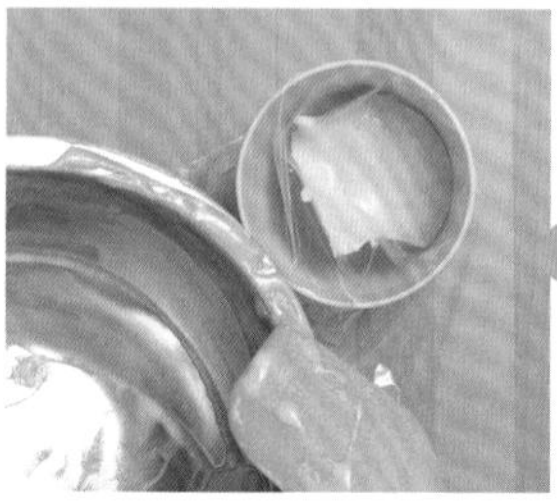

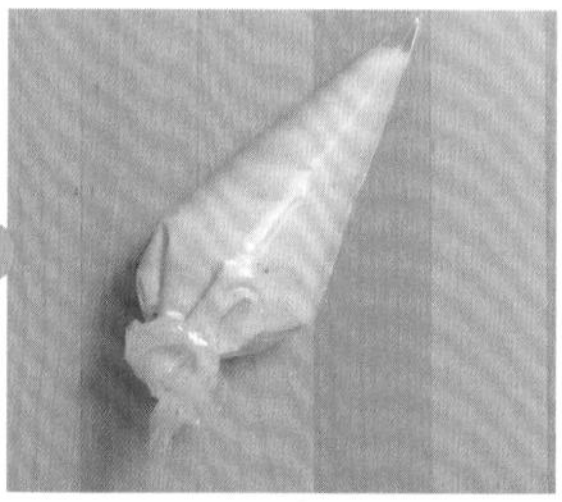

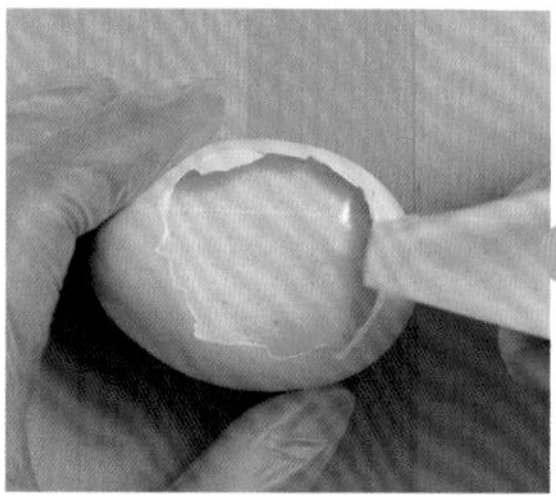

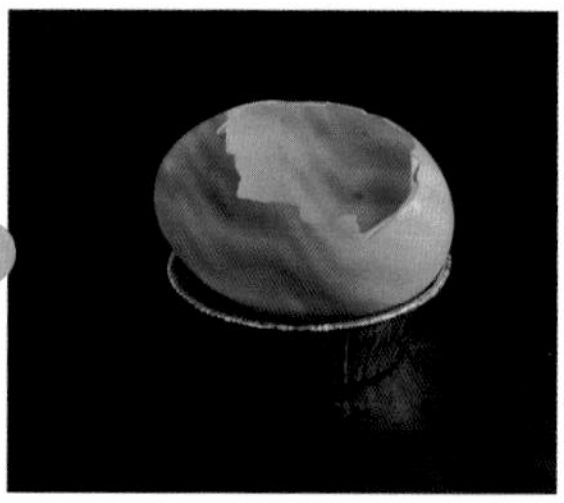

03
將蛋殼填滿（臉），蛋殼下方使用鋁箔杯固定，放入烤箱中層。

04
使用上下火 160℃烤 15 分鐘，調降上下火 140℃烤 10 分鐘，取出蛋殼蛋糕。

05
取出後不敲，倒扣至放涼。

06
蛋殼蛋糕以剪刀修除外露的蛋糕。

07
小心剝除蛋殼。

造型

08
融化的橘色巧克力擠出直徑 1cm 的水滴 1 個（鼻子）。

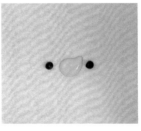

09
融化的黑色巧克力擠出直徑 0.5 cm 的圓形 2 個（眼睛）。

10
接著擠出長 0.5cm 的 1/4 圓弧線 2 條（眉毛）。

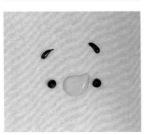

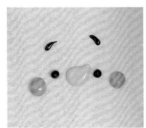

11
融化的粉紅色巧克力擠出直徑 1cm 的圓形 2 個（腮紅）。

12
融化的黑色巧克力擠出 0.2cm 的圓形 5 個，分散呈 1/2 半圓弧。

黏合

13
開始黏合，用融化的白色巧克力將鼻子 1 個黏於臉正中央。

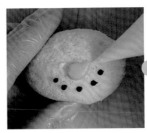 

14
眼睛 2 個黏於鼻子左右偏上方。

15
眉毛 2 條黏於眼睛上方 1cm 處。

16
腮紅 2 個黏於眼睛外側，即完成雪人。

整體組合裝飾

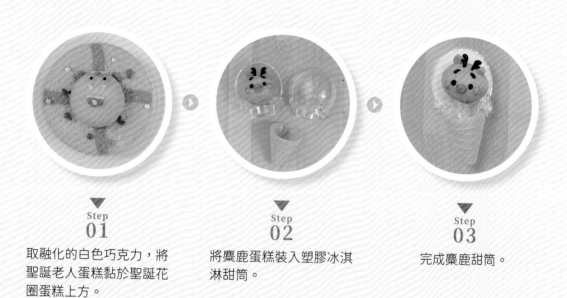

▼
Step
01
取融化的白色巧克力,將
聖誕老人蛋糕黏於聖誕花
圈蛋糕上方。

▼
Step
02
將麋鹿蛋糕裝入塑膠冰淇
淋甜筒。

▼
Step
03
完成麋鹿甜筒。

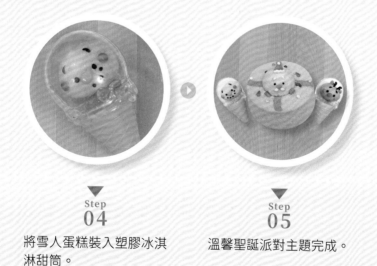

▼
Step
04
將雪人蛋糕裝入塑膠冰淇
淋甜筒。

▼
Step
05
溫馨聖誕派對主題完成。

一個個不同顏色的杯子蛋糕，
有南瓜、幽靈、蝙蝠、科學怪人，
和其他可愛蛋糕風格不同，
一起來體驗俏皮表情的造型蛋糕主角吧！

搗蛋萬聖節

完成份量

笑臉南瓜……1 個
邪惡幽靈……1 個
科學怪人……1 個
大眼蝙蝠……1 個

裝麵糊模具

紙杯……4 個
大油力士紙……4 個

蛋糕麵糊量

七吋天使模麵糊……0.5 份（P.16）

各色巧克力量

融化的白色巧克力……10g
融化的黑色巧克力……10g
融化的白色巧克力 5g ＋綠色色膏 1 米粒 →調成綠色
融化的白色巧克力 5g ＋粉紅色色膏 1 米粒 →調成粉紅色
融化的白色巧克力 5g ＋竹炭粉 1 米粒 →調成灰色
＊巧克力調色方法見 P.29。

A. 笑臉南瓜

❀ 材料 *Ingredients*

【臉】

南瓜粉 3g ＋草莓粉 3g ＋水 10g →拌勻成南瓜糊

七吋天使模麵糊 45g ＋南瓜糊 →拌勻成橘色麵糊

❀ 作法 *Step by Step*

> 烤焙

01
烤箱預熱上下火160℃。

02
將橘色麵糊 30g 倒入紙杯填至 8 分滿、剩餘麵糊 15g 倒入大油力士紙（臉），一起排入烤盤，放入烤箱中層。

03
使用上下火 160°C 烤 15 分鐘，調降上下火 140°C 烤 5 分鐘，取出油力士紙蛋糕。

04
取出後輕敲，倒扣於置涼架放涼。

05
上下火 140°C 續烤 10 分鐘，取出紙杯蛋糕，輕敲後倒扣放涼。

造型

06
所有蛋糕放涼後，取下油力士紙蛋糕片，上下蓋著饅頭紙，使用擀麵棍擀平。

07
準備壓模各 1 個：直徑 5cm 圓形、長 1×寬 0.5cm 菱形。

08
將圓形壓模放在大油力士紙的橘色蛋糕片上，切出 1 片（臉）。

09
使用菱形壓模於圓形橘色蛋糕片，上下端各壓出 2 個三角形缺口，呈南瓜狀。

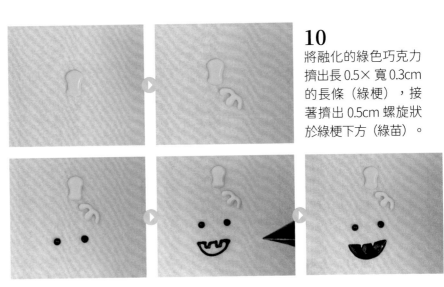

10
將融化的綠色巧克力
擠出長 0.5× 寬 0.3cm
的長條（綠梗），接
著擠出 0.5cm 螺旋狀
於綠梗下方（綠苗）。

11
融化的黑色巧克力擠
出直徑 0.5 cm 的圓形
2 個（眼睛），接著擠
出直徑 2cm 的半圓，
半圓上方留出兩個長
0.2× 寬 0.2cm 正方
形，呈露牙嘴形，再
擠滿黑色巧克力。

黏合

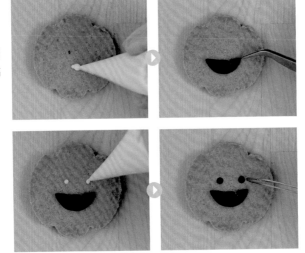

12
開始黏合，用融化的
白色巧克力將嘴巴黏
於臉正中央。

13
眼睛 2 個黏於嘴巴上
方左右。

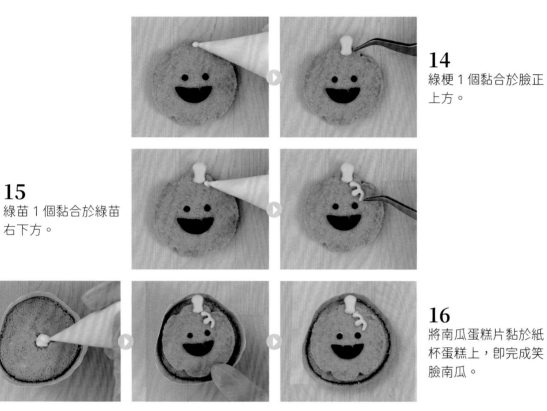

14
綠梗 1 個黏合於臉正
上方。

15
綠苗 1 個黏合於綠苗
右下方。

16
將南瓜蛋糕片黏於紙
杯蛋糕上，即完成笑
臉南瓜。

B. 邪惡幽靈

✖ 材料 *Ingredients*

【臉、手】
七吋天使模麵糊 45g →白色麵糊

✖ 作法 *Step by Step*

> 烤焙

01
烤箱預熱上下火160℃。

02
將白色麵糊 30g 倒入紙杯填至 8 分滿、剩餘麵糊 15g 倒入大油力士紙（臉、手）。

03
將裝麵糊的紙杯與油力士紙排入烤盤，放入烤箱中層。

04

使用上下火160°C烤
15 分鐘，調降上下火
140°C烤5分鐘，取出
油力士紙蛋糕。

05

取出後輕敲，倒扣於
置涼架放涼。

06

使用上下火140°C續烤
10分鐘，取出紙杯蛋
糕，輕敲後倒扣放涼。

造型

07

所有蛋糕放涼後，取下油力士紙蛋糕片，上下
蓋著饅頭紙，使用擀麵棍擀平。準備壓模各 1
個：直徑 5cm 圓形、長 1.5× 寬 1cm 橢圓形。

08

將圓形壓模放在大油
力士紙的白色蛋糕片
上，切出 1 片（臉）。

09
使用橢圓形壓模壓出
2 個（手）。

10
融化的黑色巧克力擠
出直徑 0.5 cm 的圓
形 2 個（眼睛）。

11
接著擠出長 0.5cm 的
1/4 圓弧線 2 條（眉
毛）。

12
繼續擠出直徑 1cm 的
半圓 1 個（嘴巴）。

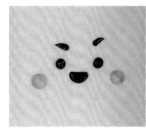

13
融化的粉紅色巧克力
擠出直徑 1cm 的圓
形 2 個（腮紅）。

> 黏合

14
開始黏合，用融化的
白色巧克力將手 2 個
黏於臉左右。

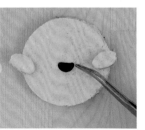

15
嘴巴黏於臉正中央。

16

眉毛 2 條黏於眼睛上
方 1cm 處。

17

腮紅 2 個黏於眼睛外
側下方。

18

將幽靈蛋糕片黏於紙
杯蛋糕上,即完成邪
惡幽靈。

你不可調皮搗蛋,
才會有許多好吃的
糖吃!

C. 科學怪人

❖ 材料 *Ingredients*

【臉】

菠菜粉 5g ＋水 10g →拌勻成菠菜糊

原味麵糊 45g ＋菠菜糊 →拌勻成綠色麵糊

❖ 作法 *Step by Step*

> 烤焙

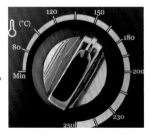

01
烤箱預熱上下火160℃。

02
綠色麵糊 30g 倒入紙杯填至 8 分滿、剩餘 15g 倒入大油力士紙（臉、耳朵）。

03
將裝麵糊的紙杯與油力士紙排入烤盤，放入烤箱中層。

04
使用上下火 160℃烤 15 分鐘，調降上下火 140℃烤 5 分鐘，取出油力士紙蛋糕。

05
取出後輕敲，倒扣於置涼架放涼。

06
上下火 140℃續烤 10 分鐘，取出紙杯蛋糕，輕敲後倒扣至放涼。

造型

07
所有蛋糕放涼後，取下油力士紙蛋糕片，上下蓋著饅頭紙，使用擀麵棍擀平，並準備 1 個直徑 6cm 圓形壓模。

08
將直徑 6cm 圓形壓模放在大油力士紙的綠色蛋糕片上，切出 1 片（臉）。

09
融化的黑色巧克力擠出直徑 0.5 cm 的圓形 2 個（眼睛）。

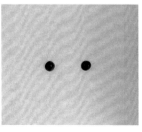

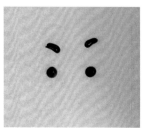

10
融化的黑色巧克力擠出長 0.5cm 的 1/4 圓弧線 2 條（眉毛）。

11

融化的黑色巧克力擠出長 1× 寬 2cm 的倒的皇冠（頭髮）。

12

融化的黑色巧克力擠出長 1cm 的倒V形 1 個（嘴巴）。融化的灰色巧克力擠出長 0.5×寬 0.5cm 的 T 形 2 個（螺絲）。

黏合

13

開始黏合，用融化的白色巧克力將螺絲 2 個黏於臉左右，頭髮 1 片黏於臉正面上方。

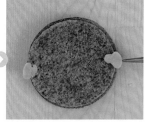

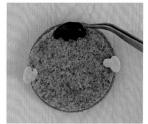

14

嘴巴 1 個黏於臉正中央，眼睛 2 個黏於嘴巴左右偏上方，眉毛 2 條黏於眼睛上方 2cm 處。

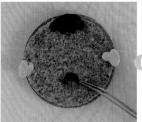

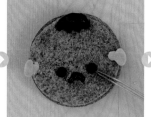

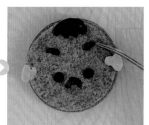

15

將科學怪人蛋糕片黏於紙杯蛋糕上，即完成科學怪人。

D. 大眼蝙蝠

✖ 材料 *Ingredients*

【臉、耳朵、翅膀】

原味麵糊 45g ＋竹炭粉 3 米粒 →拌勻成黑色麵糊

✖ 作法 *Step by Step*

> 烤焙

01
烤箱預熱上下火160℃。

02
黑色麵糊 30g 倒入紙杯填至 8 分滿、剩餘 15g 倒入大油力士紙（臉、耳朵、翅膀）。

03
將裝麵糊的紙杯與油力士紙排入烤盤，放入烤箱中層。

04
使用上下火 160℃烤 15 分鐘，調降上下火 140℃烤 5 分鐘，取出油力士紙蛋糕。

05

取出後輕敲，倒扣於
置涼架放涼，上下火
140°C續烤 10 分鐘，
取出紙杯蛋糕，輕敲
後倒扣放涼。

造型

06

所有蛋糕放涼後，取下油力士紙蛋糕片，上下
蓋著饅頭紙，使用擀麵棍擀平。準備壓模各 1
個：直徑 6cm 圓形、直徑 0.5cm 圓形、長 1×
寬 0.5cm 菱形、長 2× 寬 1cm 水滴形。

07

將直徑 7cm 圓形壓模放在大油力士紙的黑色蛋糕片上，切出 1 片（臉）。三
角形壓模切出 1 片，剪半得到 2 片三角形（耳朵）。

08

使用水滴形壓模切出
2 片。

09

將一端用圓形直徑
0.5cm 壓模壓出兩個
洞（翅膀）。

10

融化的白色巧克力擠
出直徑 1cm 的圓形
（眼白）。

11

融化的黑色巧克力各
於 2 個眼白內側，擠
出直徑 0.5 cm 的圓
形 2 個（眼球）。

黏合

12

開始黏合，用融化的
白色巧克力將耳朵 2
片黏於臉上方左右。

13

用融化的白色巧克力
將翅膀 2 片黏於臉部
左右。

14

眼睛 2 個黏於臉正面
左右，將蝙蝠蛋糕片
黏於紙杯蛋糕上即完
成。

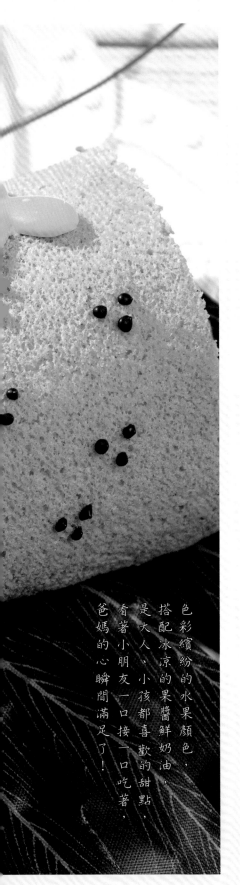

熱帶水果捲

❋ 完成份量

冰涼西瓜 ···1 段

香濃草莓 ···1 段

酸甜橘子 ···1 段

❋ 裝麵糊模具

深烤盤（長 28× 寬 24.5× 高 3cm）·······1 個

❋ 蛋糕麵糊量

深烤盤麵糊 ·······························1 份（P.22）

❋ 各色巧克力量

融化的白色巧克力 ·································10g

融化的黑色巧克力 ·································10g

融化的綠色巧克力 5g ＋綠色色膏 2 米粒 →調成綠色

融化的白色巧克力 5g ＋黃色色膏 1 米粒 →調成黃色

＊巧克力調色方法見 P.29。

❋ 裝飾配件

蛋糕捲繪製圖 ·······························（P.227）

打發的鮮奶油 ·····················100g（P.25）

喜歡的果醬 ·······································100g

色彩繽紛的水果顏色，搭配冰涼的果醬鮮奶油，是大人、小孩都喜歡的甜點，看著小朋友一口接一口吃著，爸媽的心瞬間滿足了！

❋ 材料 *Ingredients*

【冰涼西瓜】

抹茶粉 15g ＋水 30g →拌勻成抹茶糊

深烤盤麵糊 20g ＋抹茶糊 →拌勻成綠色麵糊

深烤盤麵糊 10g →白色麵糊

【香濃草莓】

草莓粉 15g ＋水 30g →拌勻成草莓糊

深烤盤麵糊 120g ＋草莓糊 →拌勻成粉紅色麵糊

【酸甜橘子】

南瓜粉 10g ＋草莓粉 10g ＋水 30g →拌勻成南瓜草莓糊

深烤盤麵糊 120g ＋南瓜草莓糊 →拌勻成橘色麵糊

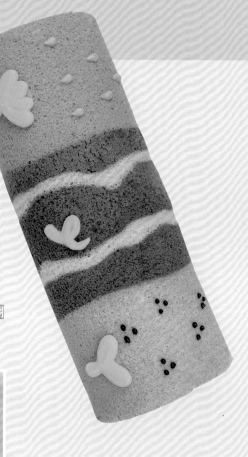

❋ 作法 *Step by Step*

烤焙

01
烤箱預熱上火 170℃、下火 150℃。

02
白色麵糊、部分麵糊（綠色、粉紅色、橘色）裝入套於杯中的三明治袋，袋口並綁緊。

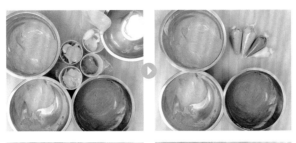

03
將蛋糕捲繪製圖放入深烤盤內，上方再鋪上 1 張和烤盤一樣大的烘焙紙（或烤盤布）。

04
按照繪製圖輪廓擠出各色麵糊。

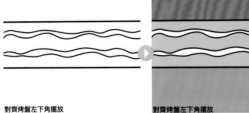

對齊烤盤左下角擺放　　　　對齊烤盤左下角擺放

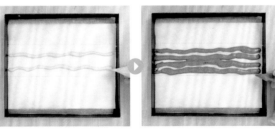

05
依序先擠出一層麵糊：白色→綠色。

06
接著擠上粉紅色→橘色麵糊。

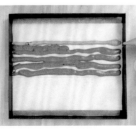
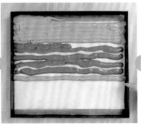
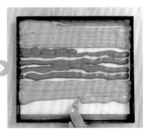

 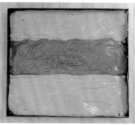

07
使用刮刀將剩餘綠色、粉紅色、橘色麵糊依序填滿，形成平整的三色麵糊。

08
將裝麵糊的深烤盤放入烤箱中層，上火 170℃下火 150℃烤 15 分鐘至表面金黃後，取出。

09
出爐後輕敲深烤盤使熱氣震出，使用蛋糕脫模刀將蛋糕捲四個邊緣分離，蓋上烘焙紙，將深烤盤倒扣。

10
使蛋糕捲自然掉落於烘焙紙上，將正面的烘焙紙小心撕起來，反蓋於蛋糕捲上保濕，避免蛋糕捲過於乾燥無法捲動，直至放涼。

11
掀開放涼的蛋糕，蓋上烘焙紙，翻至背面，撕開烘焙紙。

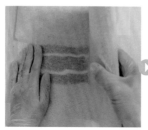  

12

先均勻塗抹喜歡的果醬，再均勻塗抹打發的鮮奶油。

13

從圖案對側如同包壽司的方式，連同烘焙紙烘焙紙將蛋糕拉起，將蛋糕捲捲成長條形，用烘焙紙包裹好固定蛋糕捲，兩端捲緊。

  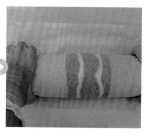

14

打開烘焙紙，用蛋糕刀將蛋糕捲兩側邊緣修飾平整。

  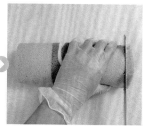

15

融化的綠色巧克力擠出 3cm 的 5 瓣葉子、1cm 的梗（草莓蒂頭）。

16

融化的綠色巧克力擠出 3cm 兩瓣葉子、1cm 的梗（橘子蒂頭）。

17
融化的綠色巧克力擠出捲曲 5cm 的梗（西瓜蒂頭）。

18
融化的黃色巧克力擠出 0.5cm 的水滴 6 顆（草莓種子）於草莓蛋糕捲。

19
融化的黑色巧克力擠出 0.2cm 的圓形 12 個，以 3 個圓爲一組成五組（橘子紋路）於橘子蛋糕捲。

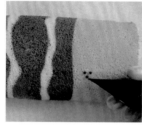

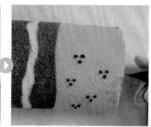

黏合

20
開始黏合，用融化的白色巧克力將草莓蒂頭黏於草莓蛋糕上方。

21
西瓜蒂頭黏於西瓜蛋糕上方，橘子蒂頭黏於橘子蛋糕上方，即完成繽紛的水果蛋糕捲。

附件：蛋糕捲繪製圖

下方這個繪製圖可等比例放大（2倍，等於200%），使用A4紙張（大約長28×寬21cm）影印紙填滿，方便於製作熱帶水果捲（P.220）的糕體各色紋路。因市面上有許多尺寸深烤盤，若自家深烤盤尺寸不適用，可自行剪裁出與烤盤底部一樣大的紙張，繪製出三等份區塊，填入粉紅色麵糊（草莓）、抹茶麵糊（西瓜）、南瓜麵糊（橘子）。

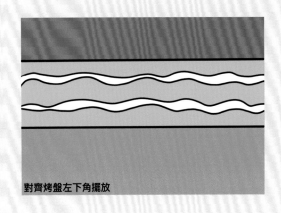

對齊烤盤左下角擺放

長 14cm

寬 10.5cm

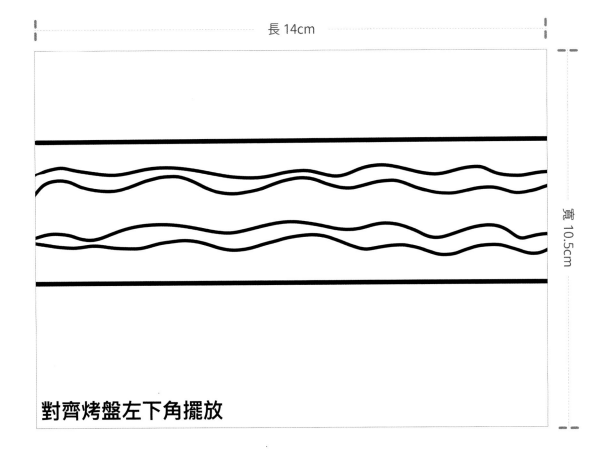

對齊烤盤左下角擺放

從麵糊調色到創意造型｜烘焙新手｜網路接單｜節日送禮｜必學款式！

造型戚風
層層圖解

書　　名　造型戚風層層圖解：
　　　　　從麵糊調色到創意造型，烘焙新手、網路
　　　　　接單、節日送禮必學款式！
作　　者　丘涵萱
主　　編　葉菁燕
封面設計　張曉珍
內頁美編　鄧宜琨

發 行 人　程安琪
總 編 輯　盧美娜
發 行 部　侯莉莉
財 務 部　許麗娟
印　　務　許丁財
法律顧問　樸泰國際法律事務所許家華律師

藝文空間　三友藝文複合空間
地　　址　106 台北市大安區安和路二段 213 號 9 樓
電　　話　（02）2377-1163

出 版 者　橘子文化事業有限公司
總 代 理　三友圖書有限公司
地　　址　106 台北市安和路 2 段 213 號 4 樓
電　　話　（02）2377-4155
傳　　真　（02）2377-4355
E - m a i l　service@sanyau.com.tw
郵政劃撥　05844889 三友圖書有限公司

總 經 銷　大和書報圖書股份有限公司
地　　址　新北市新莊區五工五路 2 號
電　　話　（02）8990-2588
傳　　真　（02）2299-7900

初　　版　2021 年 12 月

定　　價　新臺幣 498 元
I S B N　978-986-364-184-1（平裝）
◎版權所有 · 翻印必究
◎書若有破損缺頁請寄回本社更換

國家圖書館出版品預行編目(CIP)資料

造型戚風層層圖解：從麵糊調色到創意造型，烘焙新
手、網路接單、節日送禮必學款式！
/丘涵萱作. -- 初版. --
臺北市：橘子文化事業有限公司, 2021.12
　面；　公分

ISBN 978-986-364-184-1(平裝)

1.點心食譜

427.16　　　　　　　　　　　110017966

http://www.ju-zi.com.tw
三友圖書
友直 友諒 友多聞

三友官網　　　　　三友 Line@